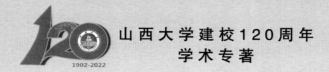

山西大学建校120周年
学术专著

汾河流域及其城市景观
水体生态效应理论与实践

FENHE LIUYU JIQI CHENGSHI JINGGUAN
SHUITI SHENGTAIXIAOYING LILUN YU SHIJIAN

王　飞◎著

中国环境出版集团·北京

图书在版编目（CIP）数据

汾河流域及其城市景观水体生态效应理论与实践 /
王飞著 . —北京：中国环境出版集团，2022.4
ISBN 978-7-5111-5114-8

Ⅰ.①汾… Ⅱ.①王… Ⅲ.①汾河—流域—水环境—
生态环境—研究 Ⅳ.① X143

中国版本图书馆 CIP 数据核字（2022）第 063204 号

审图号：晋 S（2022）002 号

出 版 人 武德凯
责任编辑 刘梦晗
封面设计 光大印艺

出版发行 中国环境出版集团
　　　　 （100062 北京市东城区广渠门内大街 16 号）
　　　　 网　　　址：http://www.cesp.com.cn.
　　　　 电子邮箱：bjgl@cesp.com.cn.
　　　　 联系电话：010-67112765（编辑管理部）
　　　　 发行热线：010-67125803，010-67113405（传真）
印　　刷 北京中献拓方科技发展有限公司
经　　销 各地新华书店
版　　次 2022 年 4 月第 1 版
印　　次 2022 年 4 月第 1 次印刷
开　　本 787×1092　1/16
印　　张 12
字　　数 220 千字
定　　价 70.00 元

中国环境出版集团郑重承诺：
中国环境出版集团合作的印刷单位、材料单位均具有中国环境标志产品认证。

前　言

　　生态环境高质量发展和流域城市景观的健康规划是当今人类生活和聚集区共同面对且需优先解决的重大问题。生态学科理论体系及景观生态学理论体系，在推动生态环境质量高速发展、改善人类生产生活和保护环境等方面发挥着越来越重要的作用，其理论、方法、技术的融合与集成对于实践管理具有重大的价值和意义。理论和实践的相互促进与发展，体现出系统性、综合性、多层次性和定量化的特点，在理论研究体系内形成了以多学科交叉为基础，系统整合与集成分析并重、微观与宏观日趋紧密结合的发展态势，在不同视角内揭示了包括人类活动在内的生物与生物、生物与环境间的相互作用机制和响应机理。尤其是人类活动和环境共同干扰下的景观格局异质性在时空尺度下的综合体现，往往涉及多种要素、多种体系的共同干扰，更涉及自然因素和人为或人文因素的共同作用。土地利用结构和资源的不断变化既受人类活动及城市化进程的影响，也受区域生态环境和全球环境的变化调控，各景观内水体生态的综合效应亦是如此。通过分析和探究区域内城市景观、生态环境的变化规律及驱动因素，了解景观生态的形成和作用机制，明确格局动态变化对生态系统的影响等客观问题，才能够让我们正视和重新审视人类活动规划对自然的影响，为合理开发自然资源，保护生态环境，推动区域自然、经济与社会的良性发展以及宏观调控提供科学的决策依据。

　　城市是人类文明的摇篮，城镇化是现代化的必由之路，以城市群为主体形态的城镇化建设是区域经济社会发展的龙头。随着经济、社会的飞速发展，城市水环境—水生态景观等自然系统受到来自气候变化和高强度人类活动的双重胁迫，城市景观功能难以有效发挥。城市景观—水环境效应是衡量城市生态环境状况的重要指标，是建设海绵城市和生态城市的重要支撑，在全球城镇化发展历程中，城市景观，尤其是以"水"为核心的城市设计规划，在我国已上升到国家战略高度。汾河流域在山西自然、经济与社会发展过程中承载着特殊的重要意义。山西省科技发展规划已经明确将汾河流域生态修复、流域生态经济系统综合管理等列入需突破的重点领域的关键技术和科学问题。因此，对汾河流域景观生态及水体生态环境的研究与山西省重点领域的重大需求相一致、相吻合，符合山西省委、省政府打好污染防治攻坚战的总体要求。

本书研究内容聚焦山西省汾河流域快速城镇化背景下，流域层面及城市景观水体层面相关水生态系统内相关效应物的生态风险评价和评估等重大实际问题，针对汾河流域生态风险防范等助推社会经济可持续发展的目标，围绕汾河流域土地利用景观生态变化体系与流域及城市景观水体生态景观格局空间分析技术和水体生态效应分析技术集成的关键科学问题，以汾河流域上中游区域为研究对象，着重开展汾河上中游流域土地利用、土壤—水体—沉积物相关效应物风险评估等方面的研究。研究密切结合汾河流域及城市景观水体生态效益的维护和改善需要，既有大尺度、大空间的系统分析，也有小区域、小空间的特殊研究；既有理论研究，也有实践研究；既有方法技术的理论解释，也有方法技术的系统集成和实践应用。研究成果将为汾河流域快速城镇化背景下景观水生态建设规划提供支持，为全流域水资源统筹规划、景观—水环境联动管控提供新思路，促进汾河流域城市水资源—水环境管理的精细化，为实现流域城市景观的生态恢复提供技术支撑。

本书是我们团队多年来在汾河流域水生态—环境效应方向研究与探讨过程中的阶段性研究成果，书中引用的遥感、土地利用及相关效应污染物统计分析数据，部分涉及前期研究成果，未作全面更新，特此说明。

本书得以出版，衷心感谢山西省科技厅基础研究重点研发项目（No.201903D321069）的资助和山西大学出版基金的支持。本书成稿过程中，感谢山西省环境科学研究院多年的合作与支持。

受著者水平和资料限制，书中难免存在疏漏或不足，敬请读者批评指正。如果阅读本书能带给您工作、学习等方面的些许助益，我们将深感荣幸。

著者

2021 年冬

目　录

1 绪 论

1.1 研究背景

生态环境和流域生态景观的健康发展是当今人类共同面对且需优先解决的重大问题，流域尺度各景观类型系统的格局、动态、变化及健康评价业已成为生态学研究的热点课题。随着人类社会与经济的发展，人类活动对生态系统的干扰范围不断扩大，地球生态系统也正因此而受到严重威胁，包括河湖水富营养化、土壤的酸化及盐碱化、贫瘠土地沙漠化、植被退化等问题。人类活动不仅危害了生态系统健康，而且在逐渐危及人类自身的健康。流域尺度生态景观类型及其动态评价是一种全新的、研究大尺度生态系统的方法，20 世纪 90 年代以来，备受专家学者、各部门以及科研单位的关注，成为生态学范畴研究热点，也是生态学领域最具活力的前沿研究课题之一。经过十几年的发展，国内外学者已经建立了与流域尺度景观类型相关的生态系统健康评价综合性框架，定义了主要的因素、标准和方法，发展了用于评估和评价各类型生态系统及生态效应的模型和方法，在各类生态效应及生态评估的研究方面取得了一定的成果，但大尺度生态系统尤其是各景观类型内各个子生态系统的生态学效应及其动态生态健康评价还处于实验和摸索阶段，相关评价体系与评估体系尚未形成，特别是对生态效应及各相关生态风险的影响因子与各子生态系统演替和发展的关联、耦合关系研究还不够深入和系统。随着人们对环境问题的愈发关注，以及新技术、新方法的运用，大尺度流域层面不同景观类型内生态效应的深入研究和动态评价研究将有新的突破。

流域是个独立的地貌单元，拥有生态完整性，是一个集自然、经济、社会于一体的复合生态系统。但随着社会经济的高速发展和各类水利工程的竣工，流域完整性受到人类干扰，工业、农业和生活污染物对河流的污染越发严重。由于从河流水库超量引水造成河流自身水量不能满足生态用水的最低需求，各种水利工程的建设、城区对河道的景观改造等因素均会导致天然河流非连续化和渠道化。植被破坏、水土流失等因素已经严重影响了流域生态系统的健康和流域经济的健康发展。因此，流域生态系统健康的研究已日益受到人类的重视，不同国家和地区以流域为单元，逐步建立更为细致和精细的景观及其生态学研究体系和生态效应评估体系、恢复流域景观生态系统，或从更为细致的角度（如不同景观类型内各生态系统健康发展）综合整治流域环境。作为流域开发、保护的重要措施，各生态系统内的生态学效应的评价、典型效应物的生态风险评估等，是从更为宏观的层面认识流域景观生态系统的健康程度，监测其演变规律，优化系统的结构与功能，因此对流域综合开发与管理及流域可持续发展具有重要的理论指导意义。

山西省河流众多，流域面积在 100 km^2 以上的河流有 240 多条，其中流域面积大于 4 000 km^2 的有 8 条。汾河是山西境内第一大河，是黄河第二大支流，全长 716 km，流域面积为 39 471 km^2，纵贯山西南北，流经太原、临汾和运城三大盆地，至河津和万荣注入黄河，是山西人民的"母亲河"。汾河流域是山西省工业集中、农业发达的地区，在山西省的经济发展中具有举足轻重的作用，同时沿岸人口稠密，厂矿众多，是山西省主要的粮棉产地。此外，汾河是山西省工农业生产和人民生活用水的主要水源，其流域取水总量占全省水利用总量的 46%。长期以来，在汾河流域的开发建设中，由于忽略了经济建设与环境协调发展的关系，致使汾河水体受到污染，植被的破坏、水土流失的加剧、土地退化等因素已严重影响了流域生态系统的健康和流域经济的发展。

汾河流域各景观类型生态效应的维持和恢复需要从流域整体水环境特征出发，研究其生态系统构成与水环境质量对应关系，系统集成生态效应评估及改善的技术体系和方法，有效维持和改善当前汾河流域及其城市景观水体生态效应，以应对快速城市化背景下城市生态建设的可持续发展。综合来看，目前国内外流域及城市景观水体—水环境生态系统研究关注了多个层面，从景观格局、生态过程及其相互作用关系等的研究到"3S"技术的应用，再到通过景观指数描述景观格局，在斑块水平指数、景观类型指数以及景观水平指数 3 个层次上进行景观变化驱动因子方面的研究，用多种统计方法去刻画景观结构异质性、破碎度、多样性和均匀度，对其进行定量分析，产出了大量成果，对推动该领域的发展起到了关键的支撑作用。定量化计量技术以及动态发展的模型化研究已经成为国际城市生态建设与区域生态环境发展的重要特色。模型研究从静态、不可逆的模型向宏观动态模型转变，并形成基于微观个体行为的动力学模型和基于局部个体相互利用的模拟模型。从目前国外城镇化与水环境问题的研究趋势来看，与水生态密切相关的水资源的有效管理仍是核心问题。国际地圈生物圈计划（IGBP）和国际全球环境变化人文因素计划（IHDP）强调有效的水资源利用与管理；美国最大日负荷总量（TMDL）计划、欧盟的《水框架指令》等是较为完善的水资源综合管理体系。国际上较为成熟的几种生态学模型（如 Ecosim 模型、ECOHAM 模型、ERSEM 模型以及 Ecopath 模型等）均已被广泛应用于城市等小区域水环境效应模拟及水环境管理中。

总体而言，流域层面及城市景观水体生态恢复调控的研究产出了许多重要成果，特别是在恢复的技术、恢复的模型和模式、恢复前后的监测等方面。然而，随着城市化进程加快、人类活动的强烈干扰，生态恢复本身就具有一定的风险性和不确定性，生态恢复的方式、过程、格局及其维持能力等决定了生态系统管控、调控的模式和采取的技术。随着研究的不断深入，相关理论日渐成熟，对其机理的认识更为深刻，加上生态网络技术的发展，该方面的研究有望成为未来流域层面及城市等小区域层面的景观水体生态系统研究发展的新趋势，而相应技术的一体化也必将是最终归宿。

1.2　研究意义

山西省科技发展规划已经明确将流域生态修复、流域生态经济系统综合管理技术与模式研究列入需突破的重点领域关键技术和科学问题，因此，选择研究汾河及其上中游流域内各景观类型的水生态效应，厘清各景观类型动态变化规律、影响因子、制约因素等的关联机制，对建立流域层面生态系统保护、生态修复模式及科学的生态环境管理具有重要意义。

本书研究内容针对山西省汾河流域快速城镇化背景下流域层面及城市景观水体层面相关水生态系统生态效应及生态风险的评价和评估等重大实际问题，面向汾河流域生态系统修复等助推社会经济可持续发展的山西省重大需求目标，围绕汾河流域生态系统与快速城市化的多尺度交互作用下以及应对区域局部气候变化的流域及城市景观水体生态效应改善的基础研究技术体系和方法集成的关键科学问题，以汾河流域上中游区域为研究对象，着重开展对汾河上中流域及城市水体的水环境生态系统分化和演变、城市景观水环境生态系统退化表征与生态修复、区域水生态风险评估和管控的方法技术集成3方面的研究。阐明汾河流域上中游生态系统在不同的自然地理条件、不同的人为活动背景下城市景观格局和过程的异同性，从不同时空尺度上探讨其格局—过程、结构—功能及其相互关系和整体效应。阐明城镇化进程、人类活动关键要素与流域及城市景观水体水环境生态系统结构和功能指示因子的关联机理，分析个别城市景观水体生态系统格局和过程变化、典型效应物的生态风险以及所受人类活动、区域水文交互作用和区域气候变化的影响。同时以流域及城市景观水体生态效应评价的方法体系及效应物时空变化的生态风险量化和评估等技术集成为主要内容，形成应对快速城市化的流域及城市景观水体生态恢复的技术集成和系统管控方法集成体系。

按照山西省委、省政府打好污染防治攻坚战的总体要求，针对汾河流域生态系统脆弱问题，开展汾河流域及城市景观水体—水环境生态效应的系统性研究，与山西省生态修复等关键技术研发目标相一致，并与强调城市生态调水与城市水环境治理协同调控等相关技术研究目标相一致。在《山西省科技发展"十二五"规划》中已明确将流域生态修复、流域生态经济系统综合管理技术与模式研究列入需突破的重点领域关键技术和科学问题，从执行效果看，已取得明显成效。随着国家发展改革委印发《"十三五"重点流域水环境综合治理建设规划》、国务院印发《水污染防治行动计划》，全面改善水环境质量的步伐已经明显加快，山西省也积极推出《山西省汾河流域生态修复与保护条例》，因此开展汾河流域及城市景观水体生态效应的系统研究，对汾河流域管理意义重大。

本书密切结合汾河流域及城市景观水体生态效益的维护和改善的需要，既有大尺度、大空间的系统分析，也有小区域、小空间的特殊研究；既有理论研究，也有实践研究；既有方法技术的理论解释，也有方法技术的系统集成和实践应用。研究成果将为汾河流域快速城镇化背景下景观水生态建设规划提供支持，为全流域水资源统筹规划、景观—水环境联动管控提供新思路，促进汾河流域城市水资源—水环境管理的精细化，为实现流域城市景观的生态恢复提供技术支撑。

1.3 概念界定

相同或不同层次水平上的景观生态系统在空间上的更替和组合，构成了景观结构，是景观生态系统纵向和横向镶嵌组合规律的外在表现，也是进行景观分类的重要依据。景观分类的最终目的是便于研究或探究景观空间格局、过程及其演化的共性和差异，主要以景观的组成结构、过程、功能、变化等特征为依据，在各类特征的具体划分或更精细的区划中还伴随多种多样的理解，更多涉及景观分析领域中的具体概念和方法。作为承载生态系统的景观地理单元，既会受到大尺度气候变化的影响，也会受到人类活动的干扰，以土地利用或土地覆盖为基础的分类体系也是景观分类的重要参考，如自然植被景观等在生态系统中扮演不可或缺的角色。

城市景观受城市发展影响更甚，其景观体系的分类更多考虑人类活动干扰，可分为自然景观、半自然景观及人工景观三种类型。就城市景观而言，其景观结构与土地利用方式更为密切，不同城市景观类型可以由一种或多种土地利用方式造成。在城市、生态及协调功能的分类下，可划分为建设类景观、农业类景观、环境类景观、水体景观和城市发展景观五种类型。其中的水体景观类型及其内部各要素间的生态和风险效应是本书重点研究的内容。

汾河是山西省第一大河，是黄河第二大支流，也是山西省的"母亲河"。长期以来，汾河流域在泄洪排涝、提供水资源、调节小气候、吸纳城市污水、旅游等方面具有重要的作用。但随着经济的快速发展，城市土地利用格局变化频繁，煤炭等矿产资源的长期过度开采，工业、生活废水的排放，导致水体功能严重受损，水质严重退化。近年来，随着我国社会经济的飞速发展和城市化进程的加快，城市河流水污染不断加剧，水环境持续恶化。城市河流水环境质量下降以及由此引发的一系列问题，不仅危害人体健康，而且制约了城市的可持续发展，加速了其生态环境的退化，同时也造成了巨大的经济损失。流域景观变化及城市河流水环境的保护和治理已经成为区域发展研究中的一个重要环境科学问题。

1.4　研究区地理位置

1.4.1　汾河流域

汾河全长 716 km，流域面积为 39 471 km²，占山西省总面积的 25%（图 1-1）。汾河流域位于山西省中部和西南部，属半干旱半湿润气候。受温带大陆性季风影响，四季分明。耕地面积为 11 591 267 hm²，占全省耕地总面积的 29.54%。水资源总量为 33.58 亿 m³，占全省水资源总量的 27.2%。汾河流域流经忻州、太原、晋中、吕梁、临汾、运城 6 市 29 个县（市、区），总人口 887.5 万人，其中农村人口 698.6 万人。其上游段从宁武管涔山雷鸣寺泉源头至太原兰村峡谷，中游段从兰村峡谷至灵火山，其余河段为下游段。

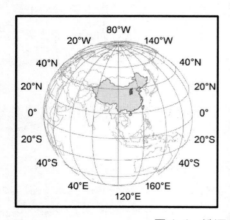

图 1-1　汾河全流域地理位置

1.4.2　汾河流域上中游区域

研究区域汾河流域上中游区域从汾河发源地宁武管涔山麓至灵石王庄断面，流域面积为 26 210 km²，流域面积占全省总面积的 25.5%。山西省境内汾河上中游流域长度为 484.5 km，共设置 26 个监测断面，分别是雷鸣寺、引黄汇口上游、引黄汇口下游、洪河汇口下游、鸣水河汇口下游、静乐监控点、河汊、曲立、涧河大桥、汾河水库库首、汾河水库库中、汾河水库库尾、寨上、汾河二库库首、汾河二库库中、汾河二库库尾、柴村桥、胜利桥、长风桥、祥云桥、小店桥、潇河汇口、温南社、平遥铁桥、义棠、南关（图1-2）。汾河上中游区域包含了山西省省会太原市（111°30′E～113°09′E，37°27′N～38°25′N），汾河流域城市化进程中不透水面的研究区域为太原市市区。太原市区平均海拔约800 m，西、北、东三面环山，中、南部为河谷平原，整个地形北高南低。研究区域属温带季风性气候，室外大气压年均920 hPa，年均降水量为456 mm，空气湿度年均49%，室外近地面风速年均0.3 m/s，年平均气温为9.5 ℃，1月最冷，平均气温为6.8 ℃；7月最热，平均气温为23.5 ℃。

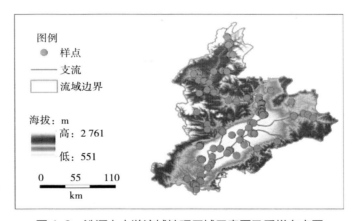

图1-2　汾河上中游流域地理区域示意图及采样布点图

1.4.3　研究区经济和社会发展状况

汾河流域上中游区域内涵盖了山西省4个地级市，即忻州市、太原市、晋中市、吕梁市，下辖17个县（市、区），北起忻州市的宁武县和静乐县，中游包括太原市几乎全部行政县以及晋中市的榆次区、寿阳县、平遥县、祁县和太谷区，南至吕梁市的岚县、孝义市、汾阳市、文水县和交城县。

根据山西省统计年鉴，汾河流域上中游区域人口分布较为均匀，2019年太原市人口密度约为640人/km²，人口数量和密度最低的地级市均为位于汾河流域上游的忻州市，这是因为上游地区多丘陵沟壑区，大部分区域不适宜人口居住，但生态环境较为良好，适宜种植粮食作物，是山西省农业聚集区。地处汾河流域中游的太原市、晋中市和吕梁市主要以区域经济发展为主，同时推动第三产业发展。

2　景观及水生态数据采样及统计方法

2.1　遥感数据来源和处理

2.1.1　遥感影像处理

研究中的土地覆盖／利用数据和数字高程数据（DEM）获取自美国地质调查局（USGS）官方网站的 MODIS 土地覆盖栅格数据，数据空间分辨率为 1 km；土地利用数据获取自清华大学遥感中心发布的全球土地覆盖类型数据，格式为 MODIS 土地覆盖栅格数据，数据空间分辨率为 1 km。土地覆盖／利用类型经空间重采样和再分类后划分为 6 种类型：农田、林地、草地、建设用地、荒地、水体和湿地。DEM 数字遥感影像获取自 USGS 官方网站，空间分辨率为 30 m。NDVI（Normalized Difference Vegetation Index）和 NPP 数据采用美国国家航空航天局（NASA）EOS 卫星提供的 MODIS 数据产品，数据格式为 EOS-HDF，其时间分辨率为 16 d，空间分辨率为 250 m，重采样后空间分辨率为 1 km。表征城市化进程的不透水面数据 GAIA 数据集来自清华大学地表过程教育部重点实验室，时间跨度为 1980—2018 年逐年数据，空间分辨率为 30 m。

2.1.2　水体样品采集方法

汾河流域水样和沉积物样品采集分别在汾河丰水期（8—9 月）和枯水期（10—11 月）进行。测定雌激素类物质及邻苯二甲酸酯类物质的样品，需使用 4 L 棕色试剂瓶采集水样。采样瓶预先在实验室以自来水、蒸馏水及甲醇分别清洗 3 次后，现场水样润洗 3 次。样品采集后用 4 mol/L 盐酸调节 pH 至 2.0（以抑制微生物活动），用冷藏箱保存，并于 24 h 内运回实验室进行前处理。在上、中、下游随机采集平行样及 E1 单指标加标作为质控点。沉积物样品采用抓泥斗进行采集，取 5～10 cm 表层沉积物。采集的沉积物置于 4 ℃采样箱中保存，并于 24 h 内运回实验室冷冻待分析。测定全氟化合物类物质的样品，需使用 1.5 L 聚对苯二甲酸乙二酯（PET）塑料瓶采集水样，采样瓶预先在实验室以自来水、蒸馏水及甲醇清洗 3 次后，现场取水样润洗 3 次。

水体理化因子分析在样点 100 m 的范围内随机采集 1 个水体样本，低温保存送回实验室待测。水环境测定指标有氨氮（NH_3-N）、化学需氧量（COD）、生化需氧量（BOD_5）、阴离子表面活性剂（LAS）、石油类（Petroleu）、总磷（TP）、总氮（TN）、氟化物（F^-）、酸碱度（pH）、电导率（CON）、溶解氧（DO）等。样品测定先依据《地表水环境质量标准》（GB 3838—2002）确定适合的评价指标，再基于确定后的评价指标选取相应的测定方法。

2.1.3　沉积物样品采集方法

沉积物样品采集时首先用铁铲采集目标沉积物，并收集于不锈钢饭盒中。饭盒全部预先用有机溶剂清洗并干燥，去除可能的有机物残留。采用采样断面中段 1/3 内、5～10 cm 深的沉积物样品。所有样品经采集整理编号，保存于 4 ℃保温箱内，并于 24 h 内运回实验室冷藏待处理。

在汾河上中游随机采集平行样及各物质的原水加标样品作为质控点。采集样品时，利用 GPS 导航仪测定采样点经纬度，现场测定水温、pH、电导率，并记录周围污染源的情况。

2.2　景观指标及处理方法

2.2.1　土地利用动态度的计算

空间数据地理坐标采用 WGS84，投影坐标采用 Albers 正轴等面积双标准纬线圆锥投影，然后进行数据校正、数据提取、数据分类及土地利用类型的转移矩阵等运算，利用各土地类型空间百分比指标分析其结构变化，利用土地利用转移矩阵分析不同年份间各土地类型的数量变化，利用 GIS 叠加分析手段分析其空间格局变化。采用单一土地利用类型动态度、单一土地利用类型空间动态度和综合土地利用动态度模型来定量分析其变化情况。

2.2.2　气候因素和人为因素对 NPP 的影响

（1）气候因素和人为因素对 NPP 影响的分离计算

气候因素对 NPP 的影响主要表现在植被的光合作用上，主要影响因素有降水、温度、太阳辐射等。通过 Budyko 干燥公式计算出研究区月平均辐射干燥度，运用 Chikug 模型计算气候因素影响下的 NPP 值，具体如式（2-1）所示：

$$NPP = 0.29 \times e^{-0.216 \times RDI} \times R_n \times 0.45 \times 0.091\ 7 \qquad （2-1）$$

式中，NPP 为植被净初级生产能力；RDI 为月平均辐射干燥度；R_n 为月净辐射总量。人为因素对 NPP 影响的计算是基于 NPP 只受气象因素和人为因素影响的假设条件，那么：

$$NPP_h = NPP - NPP_c \qquad （2-2）$$

式中，NPP_h 为人类活动对植被净初级生产能力的影响；NPP 为根据改进的 CASA 模型计算出来的植被净初级生产能力；NPP_c 为气候和植被影响下的植被净初级生产能力，即潜在 NPP。

（2）气候因素和人为因素对 NPP 的相对作用的评价方法

研究区 NPP 的年际变化是气候因素和人为因素的共同影响作用的结果，根据气候变化和人为因素对植被净初级生产能力的测算原理，得出各自的相对作用：

$$R_{c(x,y)} = \frac{NPP_{c(x,y)}}{NPP_{(x,y)}} \times 100\% \qquad （2-3）$$

$$R_{h(x,y)} = \frac{NPP_{h(x,y)}}{NPP_{(x,y)}} \times 100\% \qquad （2-4）$$

式中，$R_c(x, y)$ 为气候因素对像元（x，y）NPP 的相对作用的百分比；$R_{h(x, y)}$ 为人为因素对像元（x，y）NPP 的相对作用的百分比；$NPP_{(x, y)}$ 为像元（x，y）的 NPP 值；$NPP_c(x, y)$ 为像元（x，y）受气候因素影响的 NPP 值；$NPP_{h(x, y)}$ 为像元（x，y）受人为因素影响的 NPP 值。

自然因素和人为因素对生态环境的影响均是两方面的，或是可促进生态环境的正向发展，或是逆向发展。其中区分自然因素和人为因素占主导作用的情况有两种：$|R_c| > |R_h|$ 表征自然因素和人为因素给生态环境带来或正向或负向的影响，但人

为因素影响大于自然因素，人为因素占主导作用；反之，$|R_c|<|R_h|$ 则表征自然因素占主导作用的情况。

2.2.3 生态系统服务价值评价方法

基于 Costanza 等提出的生态系统服务价值（V）的计算公式，结合王飞等制定的黄土高原土地利用方式的生态服务价值当量表进行估算，如式（2-5）所示：

$$V = \sum A_k \times VC_k \qquad (2\text{-}5)$$

式中，ESV 为生态系统服务价值，元；A_k 为第 k 种土地利用类型的分布面积，hm^2；VC_k 为单位面积的生态系统服务价值系数，元 /（$hm^2 \cdot a$）。

各种土地利用类型贡献率的计算公式如式（2-6）所示：

$$R_i = V_i/V \qquad (2\text{-}6)$$

式中，R_i 为第 i 类土地利用类型在生态系统服务总价值中的贡献率；V_i 为第 i 类土地利用类型的年生态服务价值，元 /a；V 为总生态服务价值。

2.3 水生态样品分析和处理

2.3.1 水样中邻苯二甲酸酯、多环芳烃及多氯联苯的前处理及分析方法

（1）药品、试剂与仪器设备

研究邻苯二甲酸酯的目标物质有 DEHP、DBP、BBP、DEP、DMP、DNOP，购于 Accustandard 公司（美国），内标物质采用 Acenaphthene-d$_{10}$；研究多环芳烃的目标物质有 NAP、ACY、ANA、FLU、PHE、ANT、FLT、PYR、BaA、CHR、BbF、BkF、BaP、IPY、DBA、BPE；研究多氯联苯的目标物质有 PCB28、PCB52、PCB101、PCB118、PCB153、PCB138、PCB180，均采购于 Accustandard 公司（美国），这些药品纯度都在 98% 以上，可以满足实验要求。用 HPLC 纯度的溶剂配制含有这些物质的 10 mg/L 储备液，并置于 −20 ℃ 冰箱保存。0.2～100 ng/mL 的标准曲线，是用 HPLC 纯度的溶剂逐级稀释储备液，并加入内标溶液获得，置于 4 ℃ 冰柜保存。

实验中用到的 acetone（AC）、methanol（MeOH）、N-hexane、dichloromethane（DCM）、ethyl acetate（EAC）有机溶剂均为 HPLC 纯度，以及分析纯无水硫酸钠，购自 Mallinckrodt（北京）。无水硫酸钠在使用之前，置于 400 ℃马弗炉中 4 h 后保存于干燥器中。样品净化过程使用了 Florisil 柱（500 mg，6 mL，Agela），过滤采用 0.22 μm 尼龙材质过滤器。

分析采用气相色谱质谱联用仪（GC-MS）测定样品中邻苯二甲酸酯类。采用岛津 QP-2010SE 型高效气相色谱系统进行物质的分离分析，采用配有 EI 离子源的质谱仪进行物质的定量分析。样品前处理的固相萃取采用 Supleco 公司十二管防交叉污染 SPE 装置，固相萃取柱采用 BOJIN 公司的 C18（6 mL，500 mg）小柱。过滤时采用美国 Whatman 公司的玻璃纤维滤膜（GF/F，孔径 0.7 μm）。

（2）环境水体样品前处理

1 L 水样经 0.45 μm 的 GF/F（Whatman，0.7 μm）玻璃纤维滤膜过滤后进行固相萃取。C18 固相萃取柱在浓缩富集样品之前分别用 5 mL 二氯甲烷、5 mL 乙酸乙酯、1 mL 甲醇及 10 mL MilliQ 超纯水依次进行活化，固相萃取的控制流速为 3 mL/min。萃取结束后用 10 mL MilliQ 超纯水淋洗 C_{18} 柱，淋洗结束后将固相萃取柱用氮气吹 5 min，以去除水分。用 5 mL 乙酸乙酯清洗样品瓶，通过固相萃取柱进入收集瓶，再用 5 mL 二氯甲烷清洗样品瓶，通过固相萃取柱进入同一收集瓶。洗脱液在 45 ℃条件下，用氮气吹至近干，用乙酸乙酯定容至 1 mL，密封冷藏待分析。

（3）环境沉积物样品前处理

研磨过筛：沉积物样品运回实验室后，首先应该置于冷冻干燥机中冷冻干燥 5～7 d，充分去除沉积物水分。干燥好的样品经适当研磨过 10 目筛，去除筛上非土成分，取 1 g 左右小袋分装编号，待测粒径（10 目过筛的样品采用激光粒度仪测定粒径分布）。为了增大后续 ASE 提取的比表面积，需要将过 10 目筛的样品进一步研磨，然后过 60 目筛，过筛后装入自封袋。

ASE 萃取：取洗净并干燥的萃取池，组装好后在萃取池底部加入一张 ASE 滤膜，并依次在萃取池内填充 5 g 硅藻土、5 g 沉积物样品、5 g 硅藻土，其中硅藻土需要预先在 400 ℃条件下灼烧 4 h，装填后体积占萃取池 2/3 以上，不要压实。将填装好的萃取池编好号依次放于 ASE 上，底部放好已编好号并与萃取池对应的萃取瓶，萃取瓶在使用前应洗净后晾干，并用铝箔纸封口。检查大瓶中的萃取溶剂是否足量，以及氮气是否充足。萃取溶剂选为二氯甲烷：丙酮（1：1），设置萃取条件为 100 ℃，1 500 psi [①]（预热 5 min，加热 5 min，静态萃取 8 min，冲洗体积 60%，循环 2 次）。萃取接收液如果有水需要用无水硫酸钠去除水分。

净化：净化采用 Florisil 柱（活化前在 F 柱中装填 1 cm 厚度的 650 ℃灼烧过的无水硫酸钠用以去除水分）。净化前先将萃取液氮吹浓缩至 2 mL。SPE 净化分以下几步：活化，取 5 mL 丙酮 / 正己烷混合液（体积比为 1：9）加入柱管，用真空泵以低于 5 mL/min 的流量抽至液面与固相物质持平，再加入 5 mL 正己烷同上处理，活化时柱床不能抽干；上柱，将 2 mL 萃取液加到柱内，用少量正己烷清洗容器，将清洗液一并加入柱内，用真空泵以低于 5 mL/min 的流量过柱，抽空，用顶空瓶收集流出液；淋洗，向柱中加入 5 mL 丙酮 / 正己烷混合液（体积比为 1：9），以 5 mL/min 的流量淋洗，抽空，收集淋洗液于同一顶空瓶中。用高纯氮气将收集液吹至近干，加入内标，溶剂定容至 1 mL，密封冷藏待分析。

GC-MS 仪器分析邻苯二甲酸酯样品中的 DEHP、DBP、BBP、DEP、DMP、DNOP；分析样品中的多环芳烃，包括 NAP、ACY、ANA、FLU、PHE、ANT、FLT、PYR、BaA、CHR、BbF、BkF、BaP、IPY、DBA、BPE；分析样品中的多氯联苯 PCB28、PCB52、PCB101、PCB118、PCB153、PCB138、PCB180。

气相色谱质谱联用仪为 GCMS-QP-2010SE 型。色谱柱：石英毛细管柱 Rtx-5 ms，30 m × 0.25 mm × 0.25 μm；C_{18} 柱，500 mg/6 mL，BOJIN 公司；进样口温度 270℃，吹扫流量 3 mL/min，柱流量 1 mL/min，载气为恒压 65.2 kPa，不分流进样，不分流时间 1.8 min，进样量 1 μL。程序升温条件为：初始温度 80 ℃（2 min），以 30 ℃ /min 升至 200 ℃，再以 15 ℃ /min 升至 290 ℃，保持 4 min，总时间为 16 min。接口温度为 300 ℃，离子源温度为 200 ℃。

2.3.2 沉积物中多环芳烃采集及样品分析

（1）样品采集和保存

2014 年 8 月 21—31 日（丰水期）采集汾河上中游流域各点位的水体和表层沉积物样品，水体采用 1 L 带聚四氟乙烯衬垫的螺旋盖棕色玻璃瓶采集，采集的水样

---

① 1 psi ≈ 6.895 kPa

不能有气泡，采回的水样品放入 -4 ℃的冰箱保存并尽快分析；沉积物样品采集采用底泥采样器，装入采样袋，密封后立即带回实验室，冷冻干燥后过 60 目筛，放入 -20 ℃冰箱保存并尽快分析。2015 年 5 月 15—25 日（枯水期）采集汾河上中游流域各点位的水体和表层沉积物样品，采样方法同丰水期。

（2）样品的分析

PAHs 只测定 EPA 规定的 16 种优控 PAHs，分析用到的主要试剂为正己烷、丙酮、二氯甲烷，均为色谱纯，购自德国 Merck 公司；PAHs 混标购自美国 Accustandard 公司；内标物质采用菲 -D$_{12}$，购自美国 Accustandard。前处理用到的主要仪器为快速溶剂萃取仪（ASE-350，美国戴安）、固相萃取仪（美国 SUPELCO）。

沉积物的 PAHs 的前处理采用美国 EPA3545 方法进行，主要步骤为称取沉积物样品 5 g 与硅藻土混匀放入 ASE 萃取池，萃取溶剂为二氯甲烷∶丙酮（体积为 1∶1），萃取温度为 100 ℃，萃取压力为 10 MPa，萃取时间为 5 min × 3 次。萃取液氮吹至近干，加入内标，定容至 1 mL 待测。水体的 PAHs 的前处理采用美国 EPA525.2 方法进行，主要步骤为水样过滤后进行固相萃取，萃取液氮吹至近干，加入内标，定容至 1 mL 待测。

样品分析用到的仪器为气相色谱质谱联用仪（GCMS-QP-2010SE，日本岛津），测定条件为：进样口温度 270 ℃，吹扫流量 3 mL/min，柱流量 1 mL/min，载气为恒压 65.2 kPa，不分流进样，不分流时间 1.8 min，进样量 1 μL。程序升温条件为：初始温度 80 ℃（2 min），以 30 ℃ /min 升至 200 ℃，再以 15 ℃ /min 升至 240 ℃，再以 10 ℃ /min 升至 290 ℃，保持 13 min，总时间为 26.67 min。接口温度为 300 ℃，离子源温度为 200 ℃。

为探讨多环芳烃分配系数与有机碳含量分布的关系，选取测定沉积物有机质、水体 COD，TOC 有机质的测定采用重铬酸钾容量法（NY/T 1121.6—2006），COD 的测定采用快速消解分光光度法（HJ/T 399—2007）。

每 20 个样品带试剂空白、全程序空白、加标样品、样品平行样和加标平行样。水体平行样的相对标准偏差均小于 10%，加标样品的回收率为 78%～97%；沉积物平行样的相对标准偏差均小于 8%，加标样品的回收率为 80%～102%。

（3）分配系数计算

分配系数 K_p 为沉积相中 PAHs 浓度（C_s）与水相中 PAHs 浓度（C_w）的比值，理论上假设仅有机碳影响 PAHs 化合物的吸附，用有机碳归一化后的 K_{oc} 表示分配系数，即

$$K_{oc} = \frac{K_p}{f_{oc}} \qquad\qquad (2\text{-}7)$$

式中，f_{oc} 为沉积物中有机碳的百分含量，%；K_{oc} 与正辛醇‐水分配系数 K_{ow} 之间存在线性相关关系，可以建立如下线性自由能关系［式（2-8）］：

$$\lg K_{oc} = a\,\lg K_{ow} + b \qquad\qquad (2\text{-}8)$$

式中，a 和 b 均为常数，这种线性关系存在于 PAHs 这样的化合物中，并且得到广泛使用。故 K_{oc} 可通过实际测定样品计算得到，也可由 $\lg K_{oc}$ 与 $\lg K_{ow}$ 的线性自由能方程计算得到。

（4）分配系数影响因素

近年来，许多研究人员对多环芳烃与天然有机质之间的分配系数进行了广泛研究，并对影响分配系数的多种因素进行探讨。研究表明，多环芳烃溶解性有机质的物化特性及溶液化学参数有很大的相关性，在流域系统中，多环芳烃的吸附行为受溶解性有机质分布影响，通过结合有机物其迁移途径、生物可利用性和毒性受到明显的控制。Laor 等用荧光淬灭和络合—絮凝法研究不同来源的腐殖酸与芘、荧蒽和菲相互作用时的"分配"和"吸附"过程以及不同有机成分对 PAHs 分配的影响，通过探讨汾河上中游流域 PAHs 的分配系数的影响因素，为流域中 PAHs 污染研究及治理打下坚实的理论基础。

2.3.3 水体氮氧同位素检测

在汾河水库和上游河段采样点采集水样，分别存放在 500 mL 聚乙烯瓶中，用蒸馏水预冲洗多次，然后放入一个便携式培养箱进行临时储存。用便携式水质参数测定仪和便携式酸度计测定了水体中的水温（T）、pH、电导率（CON）和溶解氧（DO）。

采集的水样于采集当天送回实验室，取 150 mL 水样，用定量滤纸过滤，测定

总氮、氨氮（NH_4^+–N）、硝态氮（NO_3^-–N）和亚硝酸盐（NO_2^-–N）。根据国家批准的标准方法对这些参数进行了分析。采用碱性过硫酸钾紫外分光光度法测定硝化液中总氮，采用纳氏比色法测定氨氮，用苯酚—二磺酸紫外分光光度法测定硝酸根离子，用 N–（1-萘基）–乙二胺分光光度法测定 NO_2^-–N 的浓度。

自然资源部第三海洋研究所采用 MAT 253 同位素比值质谱法进行了氮、氧同位素的测定。该检测过程是，先用 PAL 自动进样器自动进样，然后用液氮罐中的一级冷阱将样品中的 N_2O 冷冻固定。10 min 后，一级冷阱离开液氮罐，冷冻和固定的 N_2O 被释放到液氮罐中的二级冷阱。再过 5 min，二级冷阱离开液氮罐。通过色谱柱（柱温 45 ℃）将 N_2O 与其他杂质气体分离，分离出的 N_2O 通过氦气转移到 MAT 253 探测器中。在高能电子碰撞电离和加速场作用下，不同质荷比（$m/z44$、$m/z45$ 和 $m/z46$）的气态离子进入磁场，被分离成不同的离子束。然后离子束进入接收器，并转化为电信号，以测量氮氧同位素比率。$\delta^{15}N$ 和 $\delta^{18}O$ 参照国际标准大气氮（AIR）和标准平均海水（SMOW）分别得到。数据分析精度 $\delta^{15}N \pm 0.2‰$ 和 $\delta^{18}O \pm 0.3‰$ 可满足本研究的精度要求。

2.4　空间数据统计分析方法

2.4.1　空间统计方法

基于 ArcGIS 10.4 软件及 R 语言平台对空间数据进行趋势分析及空间叠加分析。趋势分析采用 M-K kendal 统计分析，统计显著性为 95% 置信区间，统计变化斜率及变化显著性及其空间分布。土地利用转移变化基于 ArcGIS 计算土地利用转移矩阵，数据图表绘制在 R 语言平台完成。

2.4.2　时间趋势分析方法

趋势分析方法采用非参数 Mann-Kendal 和 Theil-Sen Median 方法。Mann-Kendall 趋势检验是一种非参数检验，它不需要数据服从特定的分布（如高斯分布等），允许数据有缺失，是一种非常常用且实用的趋势检验方法。Theil-Sen Median 方法中的 slope 用以计算斜率。趋势分析基于 R 语言 trend 包完成。

2.4.3 水质富营养化评价及水生态常见分析方法

水质富营养化评价方法常用的有内梅罗水质指数评价，该指数可用于评价水体水质及富营养化程度。内梅罗综合指数评价法是对各污染指标的相对污染指数进行统计，得出代表水体污染程度的数值，可以确定污染程度和主要污染物，并对水污染状况进行综合判断。一般情况下，综合污染指数评价方法的应用是假设各参与评价因子对水质的贡献基本相同，采用各评价因子标准指数加和的算术平均值进行计算，同时也反映了多个水质参数与相应标准之间的综合对应关系。

主成分分析评价法，即 PCA，是基于特征向量的线性无约束排序方法。它提供了一种数据降维技巧，能够将大量相关变量转化为一组很少的不相关变量，这些无关变量称为主成分（Principal Component，PC），可用于替代原始的大量相关变量，进而简化分析过程。它是常用的数据降维方法，也是生态领域中提取主要影响变量的一种方法。

RDA（Redundancy Analysis）即冗余分析，是一种回归分析结合主成分分析的排序方法，也是多响应变量回归分析的拓展。RDA 多用于提取和汇总一组响应变量，并通过一组解释变量来解释，因此 RDA 是响应变量矩阵与解释变量之间多元多重线性回归的拟合值矩阵的 PCA 分析。RDA 本质上是一种直接梯度分析技术，汇总了一组解释变量"冗余"（即"解释"）的响应变量分量之间的线性关系。RDA 通过允许在多个解释变量上回归多个响应变量来扩展多元线性回归，然后通过多元线性回归生成的所有响应变量的拟合值矩阵进行主成分分析。RDA 可以被认为是主成分分析的约束版本，其中规范轴由响应变量的线性组合构建，同时也必须是解释变量的线性组合，RDA 生成一个排序，这个排序总结了响应矩阵中的主要变化模式，即每个 RDA 轴都有一个与之相关的特征值。RDA 分析完成后还需要通过置换检验来确定整体 RDA 解和各个 RDA 轴的显著性值。

典范对应分析（Canonical Correspondence Analysis，CCA），是基于对应分析（CA）发展而来的一种排序方法，将对应分析与多元回归分析相结合，每一步计算均需要排序坐标值，与环境因子进行回归，又称多元直接梯度分析。生态分析领域中的基本思路是，在对应分析的迭代过程中，每次得到的样方排序坐标值均与环境因子进行多元线性回归。CCA 要求两个数据矩阵，一个是物种数据矩阵，另一个是环境数据矩阵。首先计算出一组样方排序值和种类排序值（同对应分析），然后将样方排序值与环境因子用回归分析方法结合起来，这样得到的样方排序值既反映了样方种类组成及生态重要值对群落的作用，同时也反映了环境因子的影响，再用样方排序值加权平均求种类排序值，使种类排序坐标值也间接地与环境因子相联系。

NMDS（Non-Multi-Dimensional Scaling）即非度量多维尺度法，是一种将多维空间的研究对象（样本或变量）简化到低维空间进行定位、分析和归类，同时又保留对象间原始关系的数据分析方法，是间接梯度分析方法，主要基于距离或不相似矩阵产生排序。NMDS 适用于无法获得研究对象间精确的相似性或相异性数据，仅能得到它们之间等级关系数据的情形。其基本特征是将对象间的相似性或相异性数据看作点间距离的单调函数，在保持原始数据次序关系的基础上，用新的相同次序的数据列替换原始数据进行度量型多维尺度分析。NMDS 基于对象之间给定的距离测度（可以为任意类型的距离），将对象定位到指定维度的低维排序空间中，以使这些对象在低维空间中的欧几里得距离能够最大限度地代表原始给定的距离测度类型。通常对于 NMDS 结果的优度，通过应力函数值（stress）评判，值越低越好。一般而言，一个有代表性的 NMDS 的 stress 值不要大于 0.2。

主坐标分析（Principal Coordinates Analysis，PCoA）是一种探索和可视化数据相似性或相异程度的方法，展示在低维欧氏空间中的对象间（非）相似性。PCoA 不使用原始数据，而是使用相似（相异）度矩阵作为输入。从概念上讲，它与主成分分析（PCA）和聚类分析相似，后者分别保留对象之间的欧几里得距离和卡方距离。但是，PCoA 可以保留任何（距离）度量产生的距离，从而可以更灵活地处理复杂的生态学数据，并通过将观测值投影到较低维度来潜在地识别聚类关系。

2.4.4　单因素方差分析

单因素方差分析（one way ANOVA）可以判定两组及以上组别间某变量的统计均值的差异性。单因素方差分析可以看作两个样本平均数比较的延伸，它是用来检验多个平均数之间的差异，从而确定因素对实验结果有无显著性影响的一种统计方法。

2.4.5 广义线性模型

广义线性模型（Generalized Linear Model，GLM）是通过联结函数建立响应变量的数学期望值与线性组合的预测变量之间的关系的统计分析模型。GLM 特点是不强行改变数据的自然度量，数据可以具有非线性和非恒定方差结构。GLM 是线性模型在研究响应值的非正态分布以及非线性模型简洁直接的线性转化时的一种发展。GLM 对一般线性模型进行了扩展，这样因变量通过指定的关联函数与因子和协变量线性相关，且该模型允许因变量呈非正态分布。

本书研究体系中，对水体 CO_2 和 CH_4 排放的时间及区域差异可构建广义线性模型，模型自变量为碳排放值，因变量为时间和地点，模型连接函数为 Gaussian。广义线性模型可以识别碳排放受时间和地点影响的效应大小及统计显著性。

2.4.6 逻辑回归模型

逻辑回归模型（Logistic Regression Model）是一种用于解决二分类问题的机器学习方法，用于估计某种事物的可能性。该模型假设数据服从伯努利分布，通过极大化似然函数的方法，运用梯度下降法来求解参数，达到将数据二分类的目的。逻辑回归多用于分类问题，要求因变量是离散的变量，而对自变量和因变量关系没有太多苛求。线性回归可以直观地表达自变量和因变量之间的关系，与之相比逻辑回归则无法表达变量之间的关系。

2.4.7 SIAR 同位素源分析模型

SIAR 同位素源分析模型可以计算各氮源的贡献率。假设存在 N 测量值、J 同位素和 K 氮源，SIAR 模型可以表示为

$$X_{ij} = \sum_{k-1}^{k} P_k \left(S_{jk} + C_{jk} \right) + \varepsilon_{ij} \tag{2-9}$$

$$S_{jk} \sim N(\mu_{ij}, \omega_{jk}^2) \tag{2-10}$$

$$C_{jk} \sim N(\lambda_{jk}, \tau_{jk}^2) \tag{2-11}$$

$$\varepsilon_{jk} \sim N(0, \delta_j^2) \qquad\qquad （2\text{-}12）$$

式中，X_{ij} 为混合物 j 中同位素 i 的比值（i=1，2，3，…，N；j=1，2，3，…，j）；P_k 为源 k 的贡献率（k=1，2，3，…，k）；S_{jk} 是源 k 中同位素 j 的速率（k=1，2，3，…，k）；μ 为平均值；ω 为标准差；C_{jk} 为第 j 个同位素在第 k 个源上的分馏系数；λ 为平均值；τ 为标准差；ε 是残差；δ 是标准差。

2.5 流域景观格局指数分析方法

景观格局指数包括景观格局与景观指数。景观格局通常是指景观的空间结构特征，具体是指由自然或人为形成的一系列大小、形状各异的，且排列不同的景观镶嵌体在景观空间的排列，它既是景观异质性的具体表现，同时又是包括干扰在内的各种生态过程在不同尺度上作用的结果。空间斑块性是景观格局最普遍的形式，是不同的尺度上的共有特征。景观格局及其变化是自然和人为多种因素相互作用所产生的一定区域生态环境体系的综合反映，景观斑块的类型、形状、大小、数量和空间组合既是各种干扰因素相互作用的结果，又影响着该区域的生态过程和边缘效应。

对景观格局指数的计算通常有两种分析模式：一种方法比较主观，类似机器学习中有监督分类的基本思想。首先，通过人为或其他方式确定景观空间格局及动态；其次，对各具体景观指数进行功能分析；最后确定归属。另一种类似机器学习的无监督分类思想，即计算现有景观指数（暂不考虑景观功能），应用统计学或机器学习中分类的方法，将景观指数先分成不同的类，然后对各类指数进行描述、分析。总体而言，景观格局指数有以下指标可以衡量：

斑块面积（A）：斑块总面积，或者某一类型景观斑块总面积。

斑块面积百分比（P）：斑块面积百分比，有的也叫斑块面积指数，是各种类型地类占总面积的比例，面积最大的为主要景观，即

$$P = \frac{\sum a_{ij}}{A} \times 100 \qquad\qquad （2\text{-}13）$$

式中，a_{ij} 为第 i 类景观类型中第 j 个斑块的面积。斑块面积百分比值接近零时，表明

景观中该斑块类型减少；比值等于 100 时则表示整个景观中只由 i 类斑块构成。

最大斑块指数（LPI）：用于确定景观中的优势斑块类型。

$$LPI = \frac{a_{max}}{A} \times 100 \quad (0 < LPI \leqslant 100) \tag{2-14}$$

式中，a_{max} 指景观或某一种斑块类型中最大斑块的面积。该指数值的大小可以帮助确定景观中的优势斑块类型，间接反映人类活动干扰的方向和大小。

斑块数量（NP）：斑块的个数，或者某一类景观斑块的个数。

斑块密度（PD）：某种斑块在景观中的密度，可反映出景观整体的异质性与破碎度以及某一类型的破碎度，反映景观单位面积上的异质性及空间结构的复杂性，在一定程度上反映了人类对景观的干扰程度。它描述了在自然或人为干扰下，景观由单一、均质和连续的整体向复杂、异质和不连续的斑块镶嵌体转变的过程。景观破碎化是生物多样性丧失的重要原因之一，它与自然资源保护密切相关。

$$PD = \frac{NP}{A} \tag{2-15}$$

破碎度（C_i）：也称景观破碎度，描述整个景观或某一景观类型在给定时间和给定性质上的破碎化程度，它能反映人类活动对景观的干扰程度。

$$C_i = n_i \times a_i \tag{2-16}$$

式中，n_i 为第 i 类景观类型的斑块个数；a_i 为第 i 类景观类型的斑块总面积。

分维数（F）：景观中斑块形状的复杂程度，值越大说明斑块的自相似性越弱，形状越不规律。

$$F = 2\ln(0.25L_i) / \ln a_i \tag{2-17}$$

式中，L_i 为第 i 类景观类型的斑块周长。

景观分离度（V_i）：某一景观类型中不同斑块数个体分布的分离度。

$$V_i = D_i / A_i \tag{2-18}$$

式中，D_i 为景观类型 i 的距离指数；A_i 为景观类型 i 的面积指数。

干扰强度（W_i）和自然度（N_i）：干扰强度表示人类的干扰作用，干扰强度越小，越有利于生物的生存。

$$W_i = L_i / S_i \qquad (2\text{-}19)$$

$$N_i = 1 / W_i \qquad (2\text{-}20)$$

式中，L_i 为第 i 类景观类型内廊道（公路、铁路、堤坝、沟渠）的总长度；S_i 为第 i 类景观类型的总面积。

香农多样性（SHDI，H）：是一种基于信息理论的测量指数，在生态学中应用很广泛。该指标能反映景观异质性，特别对景观中各斑块类型非均衡分布状况较为敏感，即强调稀有斑块类型对信息的贡献，这也是与其他多样性指数的不同之处。在比较和分析不同景观或同一景观不同时期的多样性与异质性变化时，SHDI 也是一个敏感指标。如在一个景观系统中，土地利用越丰富，破碎化程度越高，其不定性的信息含量也越大，计算出的 SHDI 值也就越高。

$$H = -\sum P_i \times \ln P_i \qquad (2\text{-}21)$$

式中，P_i 为景观类型 i 所占整个景观面积的比例。H 值越大，表示景观多样性越大。

香农均匀度（SHEI）：SHEI 等于香农多样性指数除以给定景观丰度下的最大可能多样性。

$$\text{SHEI} = -\sum P_i \times \frac{\ln P_i}{\ln m} \quad (\text{SHEI} \in [0,1]) \qquad (2\text{-}22)$$

式中，m 为景观中斑块类型的总数，P_i 为景观类型 i 占整个景观面积的比例。当 SHEI 值为零时则代表景观中不存在多样性，值为 1 时是指景观中不同斑块类型所占总体面积比一致，呈现完全均匀状态。在范围内，SHEI 值越大代表景观中不同斑块类型所占面积比越接近，均匀程度越高；SHEI 值越小表明景观中越可能存在优势斑块类型支配该景观，值越接近于 1 时表明景观中斑块类型分布越均匀，不存在明显的优势类型。

优势度（D）：用于测定景观结构组成中斑块类型支配景观的程度，表示一种或几种类型斑块在景观中占优势的程度。

$$D = \ln m - H \qquad (2\text{-}23)$$

式中，m 为景观中斑块类型的总数。

周长面积分维数（PAFRAC）：反映斑块形状指标，指景观中不规则几何形状的非整数维数，反映景观形状复杂程度。该指数能在一定程度上反映出人类活动对景观格局的干扰程度，当指数值越小（趋于 1 时）说明景观中斑块形状较简单，可能受人类活动干预程度较小，而指数值越大（接近 2 时）则越复杂，表明景观格局受人类活动干扰程度越大。

$$\text{PAFRAC} = \cfrac{2}{\cfrac{N\sum\limits_{i=1}^{m}\sum\limits_{j=1}^{n}\left(\ln p_{ij} \times \ln a_{ij}\right) - \sum\limits_{i=1}^{m}\sum\limits_{j=1}^{n}\ln p_{ij} \times \sum\limits_{i=1}^{m}\sum\limits_{j=1}^{n}\ln a_{ij}}{\sum\limits_{i=1}^{m}\sum\limits_{j=1}^{n}\ln p_{ij}^{2} - \sum\limits_{i=1}^{m}\sum\limits_{j=1}^{n}\ln p_{ij}}} \quad (1 \leqslant \text{PAFRAC} \leqslant 2) \tag{2-24}$$

式中，a_{ij} 为第 i 类景观中第 j 个斑块的面积；p_{ij} 为第 i 类景观中第 j 个斑块的周长。

凝聚度（COHESION）：聚散性指标，反映斑块在景观中的聚集和分散状态，数值范围为 $-1 \sim 1$，当指数结果为 -1 时表示斑块呈完全分散型状态，结果为 0 时表示斑块随机分布，结果为 1 时表示斑块聚集分布，该指标最终能反映自然景观连接性程度。

$$\text{COHESION} = \left(1 - \cfrac{\sum\limits_{j=1}^{m}\ln p_{ij}}{\sum\limits_{j=1}^{n} p_{ij}\sqrt{a_{ij}}}\right) \times \left(1 - \cfrac{1}{\sqrt{A}}\right)^{-1} \times 100 \tag{2-25}$$

式中，a_{ij} 为第 i 类景观中第 j 个斑块的面积；p_{ij} 为第 i 类景观中第 j 个斑块的周长；A 为该景观的总面积。

蔓延度指数（CONTAG）：该值为百分比，理论上，其值较小时表明景观中存在许多小斑块；趋于 100 时表明景观中有连通度极高的优势斑块类型存在。

$$\text{CONTAG} = \left(1 + \cfrac{\sum\limits_{i=1}^{m}\sum\limits_{j=1}^{n}\left(p_i \times \cfrac{g_{ik}}{\sum\limits_{j=1}^{m} g_{ik}}\right)\left(\ln p_i \times \cfrac{g_{ik}}{\sum\limits_{j=1}^{m} g_{ik}}\right)}{2\ln m}\right) \times 100 \tag{2-26}$$

式中，P_i 为斑块类型 i 所占总面积百分比；g_{ik} 为斑块类型 i 和斑块类型 k 毗邻的数目；m 为景观中斑块类型的总数。

3 汾河流域土地利用类型景观变化时空特征研究

3.1 汾河流域上中游区域土地利用类型景观分布、格局变化特征

3.1.1 生态系统现状格局与分析

基于 30 m 卫星遥感数据监测结果可以得出，2015 年汾河上中游主要生态系统为农田，面积为 8 491.13 km²，主要分布在太原盆地；其次是森林生态系统，面积为 7 875.35 km²，主要分布在流域两侧吕梁山区和太岳山区等区域；草地生态系统面积为 7 132.41 km²，广泛分布在山地和盆地交界的黄土丘陵和台塬地带；城镇生态系统面积为 2 017.71 km²，面积最大的为太原市，其余城镇镶嵌分布在盆地农田地区；水体和湿地生态系统面积为 164.17 km²；其他生态系统面积为 3.03 km²。

3.1.2 生态系统变化特征与分析

从表3-1可以看出，2000年、2010年和2015年农田生态系统的面积分别为 9 264.21 km²、9 119.34 km²、8 491.13 km²；森林生态系统的面积分别为 7 817.68 km²、7 814.63 km²、7 875.35 km²；草地生态系统的面积分别为 7 468.06 km²、7 473.82 km²、7 132.41 km²；水体和湿地生态系统的面积分别为 197.08 km²、204.47 km²、164.17 km²；城镇生态系统的面积分别为 933.41 km²、1 068.21 km²、2 017.71 km²；其他生态系统的面积分别为 3.38 km²、3.34 km²、3.03 km²。

表 3-1　汾河上中游生态系统的面积分布统计（2000—2015 年）　　单位：km²

分类	2000 年	2010 年	2015 年
农田	9 264.21	9 119.34	8 491.13
森林	7 817.68	7 814.63	7 875.35
草地	7 468.06	7 473.82	7 132.41
水体和湿地	197.08	204.47	164.17
城镇	933.41	1 068.21	2 017.71
其他	3.38	3.34	3.03

2000—2015 年，汾河上中游生态系统转移矩阵见表 3-2。结合表 3-1 看出，2000—2015 年，城镇生态系统面积大幅增加，前 10 年增加量较小，从 2010—2015 年的 5 年间大幅增加；农田生态系统前 10 年有小幅度的减少，而后 5 年减少了 628.21 km²；森林生态系统面积呈现先减小、后增加的趋势，整体上看是增加的；草地生态系统面积先增加，后减少；水体和湿地面积先增加，后减少；其他生态系统的面积呈现减少的趋势，说明土地逐步趋于有效利用。

表 3-2　生态系统转移矩阵（2000—2015 年）　　单位：km²

2000 年	2015 年					
	农田	森林	草地	水体和湿地	城镇	其他
农田	7 101.57	298.01	925.22	38.89	900.31	0.22
森林	254.84	7 125.00	361.34	8.47	67.47	0.55
草地	990.42	442.61	5 816.45	14.88	202.45	1.26
水体和湿地	48.24	3.63	13.27	99.64	32.29	0
城镇	96.03	5.96	15.88	2.27	813.24	0.03
其他	0.04	0.15	0.24	0.02	1.95	0.98

从表 3-2 中可以看出，2000—2015 年间，草地转为农田面积最大，为 990.42 km²；其次为农田转为草地，面积为 925.22 km²。综合来看，农田、草地面积都有所减少。转为城镇的生态系统面积较大，其中主要源于农田，面积达到 900.31 km²。其他生态系统变化面积相对较小。

2010—2015 年，汾河上中游生态系统转移矩阵见表 3-3。可以看出，5 年间，草地转为农田面积最大，为 990.21 km²；其次是农田转为草地，面积为 899.93 km²。

综合来看，农田、草地面积都有所减少。转为城镇的生态系统面积较大，其中主要源于农田，面积达到 804.17 km²。

表 3-3　生态系统转移矩阵（2010—2015 年）　　单位：km²

2010 年	2015 年					
	农田	森林	草地	水体和湿地	城镇	其他
农田	7 090.44	286.77	899.93	37.28	804.17	0.22
森林	254.56	7 133.07	362.67	6.41	59.43	0.55
草地	990.21	441.98	5 834.38	13.48	191.24	1.24
水体和湿地	47.80	3.81	13.74	103.22	35.90	0
城镇	107.97	9.60	21.47	3.69	925.43	0.04

3.2　土地利用类型景观空间格局变化规律

3.2.1　汾河上中游流域土地利用类型景观空间变化分析

城镇化是区域土地利用与土地覆盖变化的最主要作用力。多年期的 LUCC（土地利用 / 覆盖变化）结构及其对比可以揭示该区域土地类型的变化特征，尤其是汾河流域水体和湿地的变化。图 3-1 揭示了汾河流域上中游区域 2010 年、2015 年和 2020 年三期 LUCC 遥感数据，经采样后土地类型分为 6 类。三期土地利用数据揭示了高海拔区域以山区林地为主，低海拔区域以耕地为主。

2010 年汾河流域上中游区域土地利用结构显示，耕地和林地占比最大，分别约占总面积的 43.0% 和 43.2%，而水体和湿地面积占区域总面积的 4.2%。2015 年汾河流域上中游区域土地利用结构显示，耕地和林地占比最大，分别约占总面积的 35.1% 和 31.3%，相比于 2010 年，草地类型占比由 7.6% 上升至 28.7%，而水体和湿地面积占比显著下降，仅为 0.7%。2020 年汾河流域上中游区域土地利用结构显示，耕地和林地占比最大，分别约占总面积的 37.7% 和 30.2%，相比于 2015 年，草地类型占比由 28.7% 下降为 24.4%，而水体和湿地面积占比进一步显著下降，仅为 0.3%。

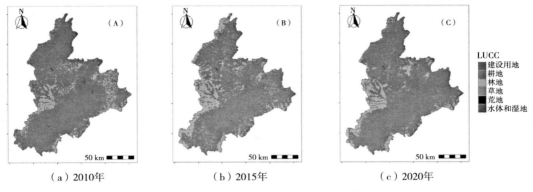

（a）2010年　　　　　　　　（b）2015年　　　　　　　　（c）2020年

图 3-1　汾河上中游区域 LUCC 空间分布

图 3-2 揭示了各土地利用类型面积动态变化情况，由图可知，在 2010—2015
年，水体和湿地面积显著减少，且多转化为耕地类型（51.3%），部分转换为建设用
地（33.9%），转化为草地或林地的比例最少，仅 2.2% 仍然维持水体和湿地类型；
在 2015—2020 年，水体和湿地显著减少，最多转化为耕地类型（44.0%），转换为
建设用地面积为 18.6%，而仍然为水体或湿地的面积为 16.33%。

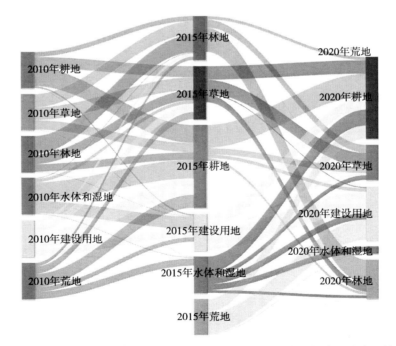

图 3-2　汾河流域上中游区域 2010—2020 年土地利用类型转移百分比桑基图

在所有土地覆盖类型中，关注汾河流域上中游区域水体和湿地变化情况，得到以下研究结果：图3-3揭示了2010—2015年其他土地类型转换为水体和湿地的空间分布，图3-4揭示了2010—2015年水体和湿地转换为其他土地类型的空间分布，相较而言，区域水体和湿地面积显著减少，可明显地看出，汾河流域水体和湿地转为其他土地类型。表3-4显示了汾河上中游区域2010—2015年水体和湿地前后变换占比统计，结果显示，由荒地转变为水体和湿地的比例最明显，建设用地转为水体和湿地比例也相对明显，占各自面积的百分比分别为20.24%和1.09%。这一结果揭示了在此期间，人类活动对建设用地和荒地具有重要影响。2010年之后水体和湿地类型的变化主要反映在2015年耕地与建设用地的比例上（分别为51.3%和33.9%），二者合计占85.2%；其次是转为草地，占比为9.6%，水体和湿地未发生变化的比例仅为2.2%。

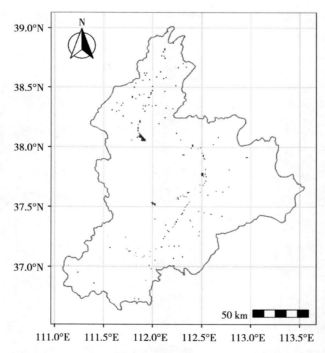

图3-3 汾河上中游区域2010—2015年其他土地类型转换为水体和湿地

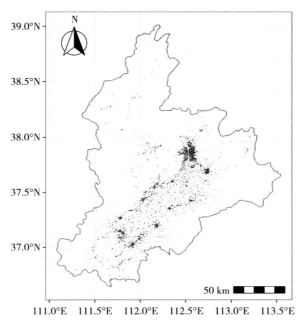

图 3-4　汾河上中游区域 2010—2015 年水体和湿地转换为其他土地类型

表 3-4　汾河上中游区域 2010—2015 年水体和湿地变换占比统计

2010 年土地类型	2015 年土地类型	占比 /%
耕地	水体和湿地	0.88
草地	水体和湿地	0.29
林地	水体和湿地	0.27
水体和湿地	水体和湿地	2.20
建设用地	水体和湿地	1.09
荒地	水体和湿地	20.24
水体和湿地	林地	2.90
水体和湿地	草地	9.60
水体和湿地	耕地	51.30
水体和湿地	建设用地	33.90
水体和湿地	水体和湿地	2.20
水体和湿地	荒地	0.10

图 3-5 揭示了 2015—2020 年其他土地类型转换为水体和湿地的空间分布，

图 3-6 揭示了 2015—2020 年水体和湿地转换为其他土地类型的空间分布，相较而言，区域水体和湿地显著减少，明显看出汾河流域水体和湿地转为其他土地类型，但相比于 2010—2015 年，转换面积显著减少。表 3-5 统计了汾河上中游区域 2015—2020 年水体和湿地前后变换占比，结果显示，由荒地转变为水体和湿地的变化最明显，占比为 2.8%。这一结果揭示了在此期间，生态建设或生态恢复取得明显成效，在人类活动影响下，对未利用土地的开发在一定程度上增补了区域水体和湿地面积，在此期间水体和湿地维持原有类型的比例最大，为 16.33%，相比于 2010—2015 年的 2.2%，水体生态恢复与保护成效显著。结果显示，2015 年之后水体和湿地的变化主要在 2020 年转化为耕地或建设用地的比例依然很大，相比于 2010—2015 年的 51.3% 和 33.9%（合计占 85.2%），此时间段内两种土地类型的占比分别为 44.0% 和 18.6%（合计 62.6%）；其次是转为草地，占比为 13.1%。

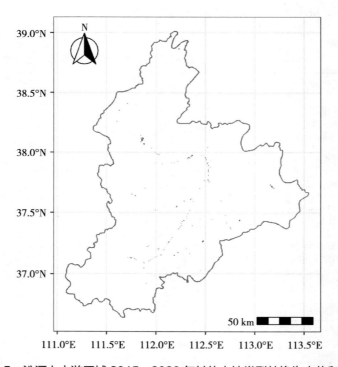

图 3-5　汾河上中游区域 2015—2020 年其他土地类型转换为水体和湿地

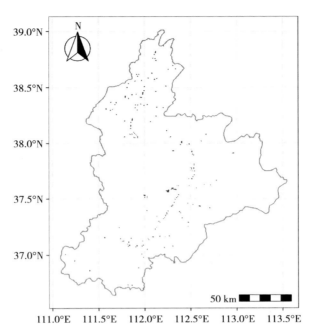

图 3-6　汾河上中游区域 2015—2020 年水体和湿地转换为其他土地类型

表 3-5　汾河上中游区域 2015—2020 年水体和湿地变换占比统计

2015 年土地类型	2020 年土地类型	占比 /%
林地	水体和湿地	0.04
草地	水体和湿地	0.12
耕地	水体和湿地	0.29
建设用地	水体和湿地	0.51
水体和湿地	水体和湿地	16.33
荒地	水体和湿地	2.80
水体和湿地	耕地	44.00
水体和湿地	草地	13.10
水体和湿地	建设用地	18.60
水体和湿地	水体和湿地	16.33
水体和湿地	荒地	0.20
水体和湿地	林地	7.80

3.2.2　太原市土地利用变化分析

表 3-6 显示了太原市 2010 年、2015 年、2018 年土地利用变化情况。2010—

2018 年，农业用地、森林 / 草地、水体和未利用土地的年平均增长率为负。相反，人类活动用地每年增加 6.24%，主要发生在城市地区（图 3-7）。其中，城区用地、郊区用地、工业和其他建设用地分别增长 5.55%、4.17% 和 14.55%。

表 3-6 太原市土地利用的空间差异

土地利用类型		简写	面积 /km²			年平均增长率 /%
			2010 年	2015 年	2018 年	
农业用地		A	2 080	2 073	1 896	−1.11
森林 / 草地		F	4 238	4 234	4 186	−0.15
水体		W	86	89	81	−0.70
人类活动用地		H	477	485	719	6.24
人类活动用地	城区用地	U	264	268	382	5.55
	郊区用地	S	151	156	202	4.17
	工业和其他建设用地	I	62	61	135	14.55
未利用土地		UN	3	3	2	−4.17

空间结果也显示，太原市东南部地区人类活动增长的速度较快，人类活动用地从城区向郊区扩散，且主要为城区用地在大量增加。

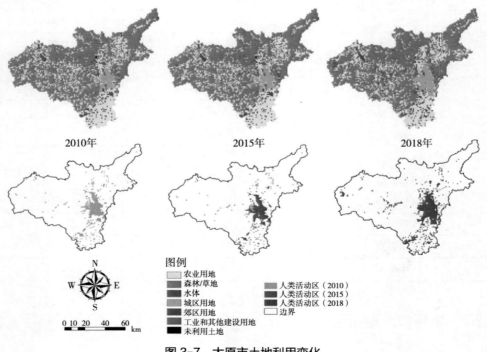

图 3-7 太原市土地利用变化

3.3 土地利用变化及其对生态系统服务价值的影响

　　土地利用变化是一个复杂的过程，它综合体现了区域内部自然环境、经济与社会发展以及人口的状况，可以通过改变生态系统类型、格局以及生态过程直接影响其服务功能。1995 年，"土地利用 / 覆盖变化"（LUCC）研究计划的提出，为研究土地利用和土地覆盖变化的机制以及区域和全球尺度下的综合模型提供了重要依据。生态系统服务是通过生态系统的结构、过程和功能形成的以维持人类生存和发展的环境条件和效用，任何生态环境问题都与土地利用活动紧密相关。山西作为典型的资源型省份和全国重要的能源基地，在我国能源发展格局中，具有不可替代的战略地位，近年来土地利用类型变化显著，逐步出现生态环境恶化的现象。为改善生态环境，山西省实施生态省建设的战略，积极推进生态环境建设与保护。

3.3.1　山西省自然资源的结构及动态变化

　　资料显示，山西省 2000—2010 年的自然资源以农田为主（表 3-7）。2000—2010 年间三期自然资源覆盖结构显示了作为农田的土地面积显著增多，从 2000 年 46.6% 的覆盖率上升为 2005 年的 60.4%，再上升到 2010 年的 62.6%。林地面积最近几年显著增加，2000 年其覆盖率约为 17.6%，2010 年达到 26.7%。草地面积呈现加速下降趋势，覆盖率由 2000 年的 32.7% 降到 19.6%（2005 年），在 2010 年最低，为 6.9%，草地以及水体和湿地面积显著减少。建设用地面积占比呈现先降后增趋势，总体覆盖率变化不大。2005—2010 年荒地有小幅增加，但变化不明显。

表 3-7　山西省 2000 年、2005 年、2010 年三期自然资源覆盖变化

分类	2000 年		2005 年		2010 年	
	实测值 /km²	百分比 /%	实测值 /km²	百分比 /%	实测值 /km²	百分比 /%
农田	69 280.8	46.6	89 814.8	60.4	93 060.0	62.6
林地	26 156.1	17.6	26 520.6	17.8	39 782.4	26.7
草地	48 609.7	32.7	29 225.2	19.6	10 302.1	6.9

分类	2000 年		2005 年		2010 年	
	实测值 /km²	百分比 /%	实测值 /km²	百分比 /%	实测值 /km²	百分比 /%
建设用地	2 994.9	2.0	1 629.3	1.1	3 641.5	2.4
荒地	220.7	0.1	732.5	0.5	808.3	0.5
水体和湿地	1 479.8	1.0	819.7	0.6	1 147.7	0.8

2000—2005 年山西省自然资源间转移矩阵如表 3-8 所示。在此期间,农田和草地之间的转化最为明显,分别有 13 278.3 km² 的农田转化为草地,30 303.5 km² 的草地转化为农田。草地向林地的转化次之,有 10 331.2 km² 的草地转化为林地。林地对农田和草地的贡献也较为明显,分别有 8 212.5 km² 和 5 932.0 km² 的林地转化为农田和草地。荒地、建设用地以及水体和湿地大多转化为农田和草地。不可忽视的是,农田对其他类型自然资源的贡献最大,对水体和湿地的贡献虽然最小,但达到了 425.9 km²。

表 3-8　山西省 2000—2005 年自然资源间转移矩阵　　　　单位:km²

2000 年	2005 年					
	农田	林地	草地	建设用地	荒地	水体和湿地
农田	48 980.7	4 381.2	13 278.3	835.6	533.7	425.9
林地	8 212.5	11 545.8	5 932.0	44.9	53.9	18.0
草地	30 303.5	10 331.2	8 787.5	134.8	108.9	116.8
建设用地	1 538.3	145.6	745.8	601.4	3.6	25.2
荒地	98.8	39.5	48.5	0	3.6	1.8
水体和湿地	681.1	77.3	433.1	12.6	28.8	232.0

2005—2010 年山西省自然资源间的转移矩阵如表 3-9 所示。在此期间,农田向林地,以及草地向农田的转化最为明显,分别为 14 139.9 km² 和 18 003.4 km²。农田转草地以及林地转农田的面积相差不大,分别为 6 288.9 km² 和 6 171.9 km²。此外,草地对林地的贡献也不容忽视,约 7 847.6 km² 的草地在此期间转化为林地。从 2010 年建设用地的资源转化情况来看,建设用地主要是由农田和草地转化而来,表明在此期间,建设用地的发展主要靠挤占农田和草地。但不容忽视的是,在此期

间草地对其他类型自然资源的贡献最大，也就意味着这一期间草地受到最大的开发和利用，这一时期经济的发展对草地的占用和破坏最为严重。

表 3-9　山西省 2005—2010 年自然资源间的转移矩阵　　　　单位：km^2

2005 年	2010 年					
	农田	林地	草地	建设用地	荒地	水体和湿地
农田	66 785.0	14 139.9	6 288.9	1 540.0	244.2	313.8
林地	6 171.9	17 705.1	2 189.6	312.1	54.3	120.4
草地	18 003.4	7 847.6	1 799.9	1 187.2	110.2	359.6
建设用地	912.5	78.0	13.6	548.0	15.3	47.5
荒地	695.4	0	0	5.1	382.5	8.5
水体和湿地	491.9	11.9	10.2	49.2	1.7	298.0

3.3.2　自然资源格局的时空动态变化

2000—2010 年山西省自然资源的时空变化如图 3-8 所示。农田在山西省分布广泛，10 年间总面积稳步增加，从空间分布来看，在几个盆地附近（主要包括朔州、运城和长治）农田较为集中；农田自北向南沿境内中心较多地分布在朔州、忻州、太原以南、临汾—运城以及长治等海拔较低区域，还集中于大同—朔州—忻州—太原—临汾—运城以及长治—晋城区域，农田自然资源呈"人"字形分布；而在山西省内的山区地带，因地势起伏较大，农田分布较少。山西省草地主要分布在西南—东北沿线的中部区域，在 2000 年约占全省总面积的 32.7%。之后，草地被挤占挪用，其面积占比逐步减小。山西省林地主要分布在中部和南部，2000—2005 年总面积变化不大，但 2005 年之后，所占面积显著增加，其空间分布主要以中部为中心向东南部扩展。此外，建设用地类型在 2005 年后明显增加，北部以大同为中心，中部以太原—榆次为中心，南部以临汾—运城为中心扩散，在 2010 年约占全省总面积的 2.4%。

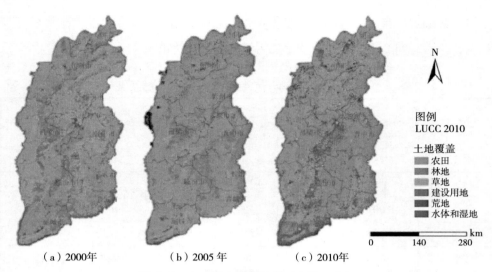

（a）2000年　　　　　　（b）2005年　　　　　　（c）2010年

图 3-8　山西省自然资源的时空格局变化

　　山西省自然资源的开发和发展必然受区域地理、自然、社会经济的影响。而区域自然地理条件是其开发和发展的先决因素。山西省地形复杂，多种地貌类型遍布省内，山区和丘陵占全省总面积的 60% 以上；山西省四面环山，中部有大同盆地、忻定盆地、太原盆地、临汾盆地、长治盆地和运城盆地。省内海拔差异明显，最低海拔 58 m，最高海拔 2 988 m，南部海拔较低，北部海拔较高。目前经济发展较好的区域主要分布在海拔较低的平原或盆地。

3.3.3　近 10 年来山西土地资源数量变化

　　由表 3-10 可知，2000—2005 年林地的单一动态度值最小，转移率为 0.6%，表明林地向其他土地类型的转移量最少，是最稳定的土地利用类型；荒地的单一动态度值最大，转移率为 56.2%。此外，2000—2005 年荒地的空间动态度值最大，水体和湿地次之，表明其他土地类型向荒地以及水体和湿地的转移程度剧烈，呈现扩张的发展趋势。

　　2005—2010 年，农田的单一动态度值最小，转移率为 0.8%，说明农田向其他类型的转移量最少，是最稳定的土地利用类型；建设用地单一动态度值最大，转移率为 25.1%。此外，2005—2010 年建设用地的空间动态度值最大，水体和湿地次之，表明其他土地类型向建设用地以及水体和湿地的转移程度剧烈，呈现扩张的发展趋势。从综合土地利用动态度来看，2000—2005年土地利用类型变化比2005—2010年剧烈。

表3-10　山西2000—2010年土地利用动态度　　　单位：%

土地类型	2000—2005年			2005—2010年		
	K	K'	SK	K	K'	SK
农田	6.2	17.6		0.8	10.9	
林地	0.6	22.7		10.0	23.3	
草地	−8.3	24.7	85.7	−13.0	24.6	69.8
建设用地	−9.4	22.8		25.1	51.5	
荒地	56.2	95.4		−5.2	20.8	
水体和湿地	−8.8	24.9		6.6	32.8	

注：K为单一土地利用类型动态度；K'为单一土地利用类型空间动态度；SK为综合土地利用动态度。

3.3.4　生态系统服务价值变化分析

如表3-11所示，2000年山西生态系统服务总价值为783.71亿元，2010年为871.39亿元，10年间增加87.67亿元，增长率约为11.19%。2000—2010年，草地、建设用地以及水体和湿地的生态系统服务价值均有所减少，其中，草地的减少率最大，为78.81%。而农田、林地和荒地的生态系统服务价值在增加，其中林地的增加率最大，为52.10%。林地的生态系统服务价值最大，2010年为461.5亿元，其次是农田。2010年林地的生态系统服务价值约占总价值的53%，而林地的面积约占总面积的27%；此外，虽然农田面积比例最大（约为63%），但其生态系统服务价值仅约占总价值的39%。可能原因是，虽然草地、水体和湿地等土地利用类型的面积在减少，但由于森林的生态价值系数较高，面积增加较大，因此，森林生态系统服务价值的增加较多，从而使总价值增加。

表 3-11　2000—2010 年山西省不同土地利用类型生态系统服务价值总量及贡献率

土地类型	2000 年		2005 年		2010 年	
	生态系统服务价值总量 /（10^8 元）	贡献率 /%	生态系统服务价值总量 /（10^8 元）	贡献率 /%	生态系统服务价值总量 /（10^8 元）	贡献率 /%
农田	254.15	32.4	329.47	42.7	341.38	39.2
林地	303.42	38.7	307.65	39.9	461.50	53.0
草地	186.84	23.8	112.33	14.6	39.60	4.5
建设用地	-3.91	-0.5	-2.12	-0.3	-4.75	-0.5
荒地	0.05	0	0.16	0	0.18	0
水体和湿地	43.16	5.5	23.91	3.1	33.48	3.8
总计	783.71	100	771.40	100	871.39	100

注：由于四舍五入，部分数据加和不为 100%。

山西生态系统服务功能价值变化情况如表 3-12 所示。可以看出，2000—2010 年，山西省除了在废物处理方面的生态服务功能价值有所减少外，其余生态服务功能价值均呈增长趋势，原材料的生态系统服务功能价值增加最大，其次是气体调节和水源涵养。这是由于森林、草地以及水体和湿地具有原材料、水源涵养和气体调节等功能，虽然草地以及水体和湿地的面积呈下降趋势，但由于森林的生态价值系数较高，面积增加较大，因此，森林生态系统服务价值增加较多，从而增加了总价值。此外，气候调节、土壤形成与保护、生物多样性保护和娱乐文化等生态系统服务功能均与森林相关，因此，森林面积的增加带动了与其相关的生态系统服务功能价值增加，进而增加了生态系统服务的总价值。但由于建设用地面积的增加，废物处理这一生态系统服务功能价值减少。

表 3-12　2000—2010 年山西省生态系统服务功能价值变化情况　　　　单位：10^8 元

年份	气候调节	水源涵养	气体调节	生物多样性保护	原材料	食物生产	土壤形成与保护	娱乐文化	废物处理
2000	100.82	101.11	88.39	101.51	41.11	46.08	158.91	23.09	122.70
2005	98.50	93.81	85.95	97.88	42.17	53.84	155.19	21.29	122.76
2010	111.64	112.44	103.58	111.56	60.16	53.29	165.74	30.79	122.19

有研究显示，生态建设占用耕地是生态脆弱地区耕地面积减少的主要原因。1990—2010 年，以林、草为主的植被恢复工程，特别是 2000 年以来的退耕还林还草工程，是导致耕地面积减少的主要原因之一。2003 年《退耕还林条例》施行以来，退耕还林还草工程使华北地区、黄土高原以及农牧交错带的林地用地面积显著增加，区域覆盖状况明显改善，在一定程度上对西部生态恢复起到积极的作用。

3.4 土地利用变化的驱动因素分析

3.4.1 国家生态修复政策

政策制度因素对土地利用变化有着强制性的影响，西部开发"生态退耕"政策对区域土地覆盖状况的改善产生积极的影响。1988 年以来，在汾河水库上游水土保持总体规划指导下，按照因地制宜、综合治理原则，以小流域为单元，以多沙区为重点，汾河水库上游流域开展了大规模的水土流失治理工作，至今共完成治理面积超 2 000 km²。主要措施有淤地坝、水平梯田建设，退耕还林、植树种草等。1990—2010 年，植被恢复工程（特别是 2000 年以来的退耕还林还草工程）的实施使林地草地用地面积显著增加，区域覆盖状况明显改善，在一定程度上，使汾河上游地区植被覆盖度和水源涵养功能都得到了提高。此外，2003 年 11 月引黄工程试运行，实现向太原安全稳定供水。引黄水经管道至汾河上游头马营出水，经过 81.2 km 长的天然河道进入汾河水库。引水量由 2004 年的 0.682 5 亿 m³ 增加到 2013 年的 2.438 5 亿 m³，加之上游源头区水源涵养功能的不断加强，流域水面、湿地生态功能得到了很大恢复。

因此，2000—2013 年，森林比例由 7.00% 增加到 15.83%；湿地比例由 0.35% 增加到 0.73%；草地比例由 47.82% 增加到 50.84%；农田比例由 19.70% 减少到 17.02%。2000 年以来，农田面积逐年减少，小流域治理中的农田水利设施不断建设完善，使汾河水库农业面源污染产生量减少，并且在淤地坝及林、草作用下，化肥、农药及农村生活污水、畜禽养殖污水等分散排放的污染物得到有效控制。

3.4.2 快速城镇化与社会经济高速发展

城镇化是指农村人口不断向城镇聚集的过程，其本质特征是农村人口的空间转换、非农产业向城镇聚集、农业劳动力向非农业劳动力转移。城镇化是一个国家经济结构、社会结构和生产生活方式的根本性转变。社会经济的发展和国家政策的引导是产业结构发生转变的原因，产业结构转变导致居民就业岗位的变化和土地利用方式的变化。近年来，山西省社会经济持续快速发展，城市化水平快速提升，以位于汾河水库流域的娄烦县为例，GDP 由 2009 年的 6.23 亿元增长到 2013 年的 17.10 亿元，增长了近 2 倍；工业增加值由 2009 年的 1.60 亿元增长到 2013 年的 8.30 亿元。

因此，随着城镇化和社会经济的发展，汾河流域内土地利用方式也发生了转变，表现为城镇建设用地的扩张，2000—2013 年汾河水库上游流域城镇面积增加了 50%，这些新增的城镇主要分布在岚河、涧河流域河谷地带，主要由草地和农田转化而来。

3.4.3 土地利用变化对水环境的影响分析

（1）城镇面积增加导致的水质污染

居民点及工矿用地面积增加使工业废水和城镇生活污水的排放量不断增加，这些污水虽大部分经过处理，但仍有一部分直接排入河道，造成高强度的点源污染，且通过流域地表水—地下水的多次相互循环转化进而污染整个水系。汾河水库上游流域目前存在为数不多的企业，多数沿河谷布局。其中煤矿排水占流域工业废水总排放量的 94% 以上，排水以矿井水为主，水中 SS、SO_4^{2-} 含量较高，若未经处理直接排放，将对河流水质产生较大影响。此外，城镇生活污水处理系统不能满足当地经济社会发展和水环境保护的要求，污水收集设施不完善，流域内沿河主要乡镇的生活污水缺乏相应的污水管网和污水处理设施，未经处理的生活污水直接排放，严重影响河流水质。其中 COD、NH_3-N 排放量分别占流域污水总排放量的 69% 和 56%，污染贡献大，为流域主要的污染源。城镇面积增加导致工业废水和城镇生活污水排放量的增加，是河流水质 COD、NH_3-N 超标的主要原因。

（2）农田面积减少

随着时间的推移，水质污染状况指标呈现持续恶化的趋势，主要原因是流域工矿建设用地所占比例逐年扩大，此外，流域内耕地、林地、草地、湿地等地类不断减少也是导致水环境状况持续恶化的重要原因。

3.5　流域植被覆盖时空结构变化规律

3.5.1　NDVI 状况与分析

归一化植被指数（NDVI）监测结果显示（图 3-9），2015 年汾河上中游边缘山区植被状况普遍较好，汾河源头区、吕梁山、太岳山等局部区域植被指数大于 0.8。太原市等城镇区域 NDVI 值较低，局部区域低于 0.3。太原盆地等河谷农业区，NDVI 值比周边草地和林草过渡区要高。

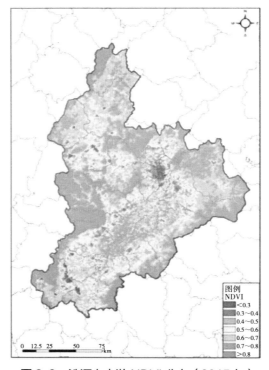

图 3-9　汾河上中游 NDVI 分布（2015 年）

通过空间分析，汾河上中游不同土地类型生态系统 NDVI 均值统计结果表明，森林生态系统 NDVI 均值最高，约达 0.76；其次是草地和农田，分别约为 0.64 和 0.63；城镇生态系统 NDVI 均值最低，约为 0.53（图 3-10）。

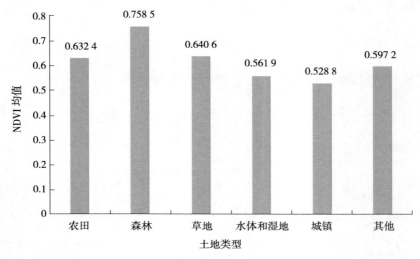

图 3-10　汾河上中游不同土地类型生态系统 NDVI 均值（2015 年）

基于一元线性回归分析，计算 2000—2015 年逐像元的 NDVI 变化斜率值（图 3-11）。结果表明，2000—2015 年，NDVI 整体有所增加，但空间差异较大。其中，汾河上中游河谷地区主要以农业生态系统为主，NDVI 相对较大；太原盆地 NDVI 呈现明显降低的变化特征；汾河上中游的边缘山区 NDVI 呈现出增加特征。

统计不同生态系统类型 NDVI 在 2000—2015 年的变化，结果显示，草地、农田、森林、水体和湿地 NDVI 表现为逐年增加特征，其中，农田 NDVI 呈波动增长的趋势，森林 NDVI 表现出平稳增长的趋势。总之，植被呈现出不同程度的转好特征。城镇生态系统 NDVI 表现为下降的变化趋势，这主要与城镇扩张、植被相对减少有关。

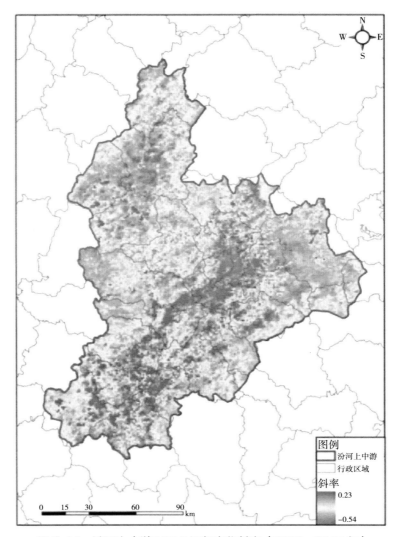

图3-11 汾河上中游NDVI逐年变化斜率（2000—2015年）

3.5.2 NPP状况与分析

由图3-12可以看出，汾河上中游边缘海拔较高的山区植被状况普遍较好，汾河源头区、吕梁山、太原盆地周边等局部区域NPP较大，一些人口密集的地区NPP相对较小。

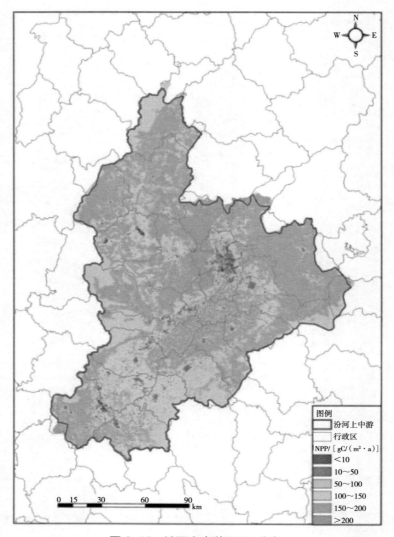

图 3-12　汾河上中游 NPP 分布

　　由图 3-13 可以看出，森林生态系统 NPP 最高，达 152.87 gC/（m² · a）；其次是草地和农田生态系统，分别为 150.56 gC/（m² · a）和 147.59 gC/（m² · a）；城镇生态系统的 NPP 最低，仅为 91.08 gC/（m² · a）。

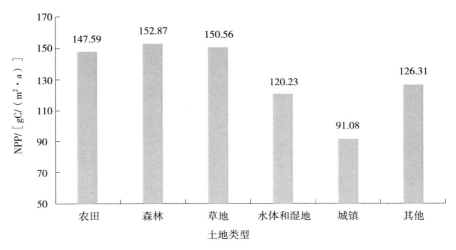

图 3-13　汾河上中游不同土地类型生态系统 NPP 均值

3.5.3　汾河流域上中游湿地水域生态系统的格局动态变化

植被既是陆地生态系统的主体，也是人类重要的环境资源和物质资源。植被具有截留降雨、减少雨滴击溅、减缓地表径流、保土固土等功能，是土壤侵蚀与水土流失的主要监测因子，在地球的能量转化和物质循环中起着特殊而重要的作用。植被覆盖率是衡量地表植被状况的一个重要指标，也是影响土壤侵蚀与水土流失的主要因子，对于区域环境变化和监测研究具有重要意义。植被覆盖率的测量方法中最为常见也较为实用的是利用 NDVI 近似估算，汾河流域上中游 NDVI 时空动态变化特征可反映区域湿地水域生态系统的格局变化规律。

结合遥感数据解译，由图 3-14 可以看出，NDVI≤0 的区域为非植被分布区，NDVI＞0 的区域为植被分布区。从植被覆盖的空间分布来看，植被覆盖较好的区域多为海拔相对较高的山区，而海拔相对较低的平原区多为城市聚集区，其植被覆盖相对较少。从汾河上中游 2010—2020 年植被覆盖的时空变化情况来看，NDVI 相对较高的区域面积有明显的增加趋势。

图 3-15 揭示了近十年来汾河流域上中游地区年 NDVI 变化的趋势，其一般线性回归具有明显的增加趋势，年 NDVI 增量为 0.003（$p<0.001$）。

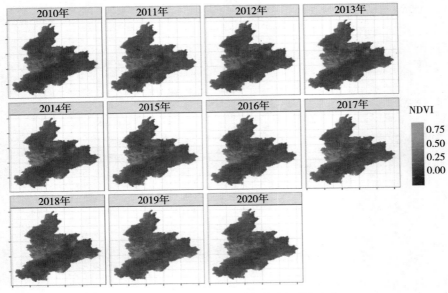

图 3-14　汾河上中游 NDVI 时空动态变化

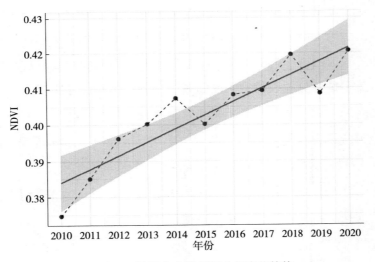

图 3-15　汾河上中游 NDVI 年变化趋势

2010—2020 年，年内 NDVI 逐月空间变化情况如图 3-16 所示，植被生长变化显然符合植被物候规律，夏季 6—8 月 NDVI 在空间分布上相对值较大，冬季 12 月、1—2 月 NDVI 值相对较小。2010—2020 年汾河流域上中游 NDVI 逐月均值变化结果显示，8 月 NDVI 达到最高值，为 0.681；最低值在 1 月，为 0.214（图 3-17）。

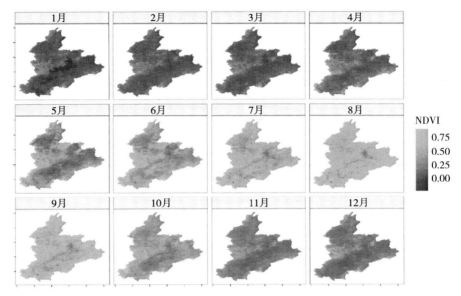

图 3-16　汾河上中游区域多年期 NDVI 月尺度变化的空间分布

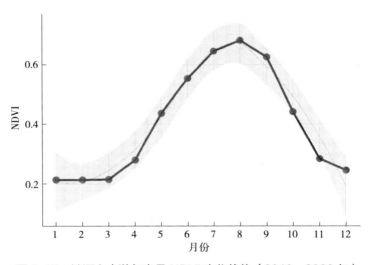

图 3-17　汾河上中游年内月 NDVI 变化趋势（2010—2020 年）

　　NDVI 遥感数据空间分辨率为 1 km，对多年期逐月各栅格 NDVI 进行空间 Mann-Kendall 趋势分析及 Theil-Sen Median 斜率分析，结果如图 3-18 所示。图 3-18 显示了 1 km 栅格点 10 余年来 NDVI 斜率变化情况，总体来看，NDVI 斜率为正值，表明总体上 NDVI 有增多趋势，植被覆盖增多，但也存在斜率为负值的区域，出现在低海拔的快速城市化区域。

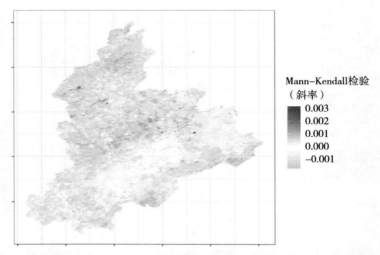

图 3-18　汾河上中游区域 NDVI 变化趋势斜率的空间分布（2010—2020 年）

　　汾河流域上中游区域 1 km 分辨率的各栅格 NDVI 多年来的变化趋势显著性 p 值的空间分布情况见图 3-19。空间 NDVI 变化显著性被分为 4 类：变化极显著（$p<0.001$）、变化显著（$p<0.05$）、稍有变化（$p<0.1$）和无显著变化（$p>0.1$）。从空间上看，变化极显著和变化显著的区域多在高海拔山区，这些区域人类活动的干扰相对较少，多为林地或草地，而无显著变化的区域主要集中在低海拔的城市聚集区。

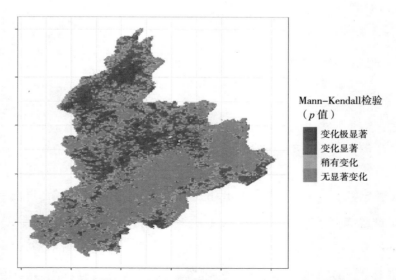

图 3-19　汾河上中游区域 NDVI 变化趋势显著性 p 值的空间分布（2010—2020 年）

3.6 自然因素及人类活动对流域生态系统的压力状况研究

3.6.1 人类活动对研究区 NPP 的影响作用分析

人类活动对区域 NPP 的影响相对较大，2000 年，除了林地和草地之外，人类活动对不同土地利用类型 NPP 的贡献值的均值皆为 97% 以上，对林地贡献的变化范围最大 ［图 3-20 (a)］；2005 年人类活动对不同土地利用类型 NPP 的贡献值均值稍有减小，对林地贡献的变化范围最大，对耕地贡献的变化次之 ［图 3-20 (b)］；到 2010 年人类活动对不同土地利用类型 NPP 的贡献值均值稍有增大，约为 97%，对林地贡献的变化范围最大，草地次之，而耕地变化不明显 ［图 3-20(c)］；2015 年，人类活动对除了耕地外的不同土地利用类型 NPP 的贡献值均稍有减小，但仍维持在 97% 左右，对耕地贡献的变化范围稍有增大，对林地贡献的变化范围最大 ［图 3-20 (d)］。由此可以看出，人类活动对生态环境起到积极的影响，并且起到的正面作用越来越大。其原因主要是政策制度因素对土地利用变化有着强制性的影响，西部开发"生态退耕"政策对区域土地覆盖状况的改善产生积极的影响。

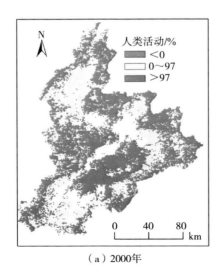

（a）2000年

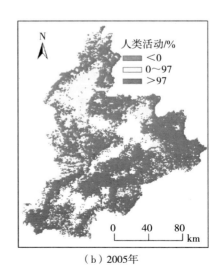

（b）2005年

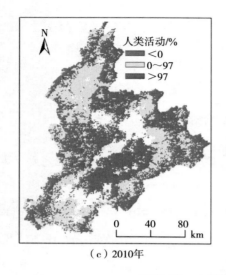 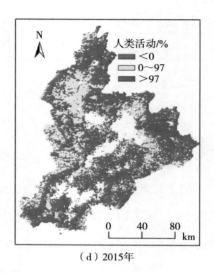

（c）2010年　　　　　　　　（d）2015年

图 3-20　人类活动对 NPP 的影响

由此可以看出，大部分区域 NPP 处于不断增加的趋势，人类活动对 NPP 起到正向的影响，占研究区 NPP 相对增量的 96.5%，对研究区的生态系统起到良好的影响。

3.6.2　气候因素对研究区 NPP 相对影响作用的分析

由图 3-21 可以看出，气候因素对研究区 NPP 增长的贡献量的百分比呈逐渐增大的趋势，人类活动和气候因素共同促进了研究区 NPP 的变化。从不同土地利用类型 NPP 受气候因素的影响来看，耕地受气候调控呈现幅度较小的波动趋势，总体偏向于减小。分析其原因可能是，土地利用类型的不同会导致植被 NPP 的明显差异，其中农田植被 NPP 大于草地 NPP。在不同的地形地貌条件下，人类活动对 NPP 的影响是有差异的，区域内耕地、林地和草地面积较大，占总面积的 95% 以上，人类活动影响较大的区域主要为耕地和草地，对林地的影响不显著。

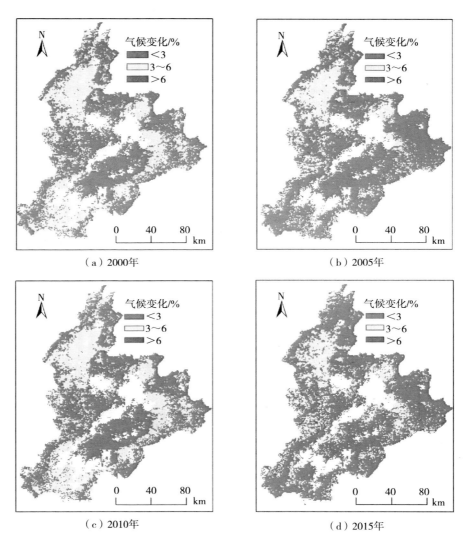

（a）2000年　　　　　　　　　　（b）2005年

（c）2010年　　　　　　　　　　（d）2015年

图 3-21　气候因素对 NPP 的影响

4 汾河流域及城市地表水景观类型的相关生态风险及评价

4.1 汾河上中游流域地表水水质状况

2017 年的生态调查（表 4-1）显示，流域上中游区域地表水水质表现出典型的有机污染和营养物超标，主要污染物为氨氮（NH$_3$-N）、BOD$_5$、阴离子表面活性剂、总氮（TN）和总磷（TP）等。其中 TN 超标较多，均值是劣 V 类标准限值的 7.3 倍。

表 4-1　候选指标信息表

指标		最大值	最小值	平均值	标准偏差
生态系统指标	底栖动物多样性综合指数	0.89	0	0.30	0.20
	鱼类多样性综合指数	0.863	0.026	0.35	0.21
水体物理化学指标	石油类 /（mg/L）	0.24	0	0.08	0.07
	硝态氮 /（mg/L）	10.3	0.02	2.85	2.32
	亚硝态氮 /（mg/L）	1.73	0.003	0.29	0.47
	氨氮 /（mg/L）	46.4	0.033	6.72	11.46
	COD/（mg/L）	205	0	46.89	50.32
	阴离子表面活性剂 /（mg/L）	0.53	0	0.13	0.14
	BOD$_5$/（mg/L）	45.2	0	5.45	8.61
	总磷 /（mg/L）	3.77	0.01	0.72	1.00
	总氮 /（mg/L）	53.2	0	14.60	12.22
	氰化物 /（mg/L）	0.015	0	0	0
	氟化物 /（mg/L）	1.35	0.08	0.65	0.32
	六价铬 /（mg/L）	0.073	0	0.01	0.01
	PAHs/（μg/L）	2.086	0.23	0.86	0.39

续表

指标		最大值	最小值	平均值	标准偏差
水体物理化学指标	汞/（μg/L）	1.79	0.11	0.51	0.37
	铬/（μg/L）	18.18	2.39	5.29	3.00
	镍/（μg/L）	29.72	0.23	4.97	5.93
	铜/（μg/L）	86.58	1.23	12.29	17.91
	锌/（μg/L）	12.72	0.07	1.03	2.82
	砷/（μg/L）	25.05	0.31	3.99	4.55
	镉/（μg/L）	0.77	0	0.06	0.19
	铅/（μg/L）	9.63	0.49	2.58	2.24
	pH	9.53	7.83	8.57	0.34
	电导率/（μS/cm）	4 540	329	1 169.08	818.80
	DO/（mg/L）	14.8	0.9	6.67	2.78
	氧化还原电位/mV	281	23	212.89	62.21

由于氰化物和六价铬含量在所有采样点中的变化范围较小，河流健康状况较难直接反映，故判定两者不具备对河流健康状况的响应能力，从候选指标中删除。

采用 PCA 法分析余下 25 个指标，得到 KMO 值为 0.623，Bartlett's 球状检验值为 753.158，相伴概率为 0，故认为基于 37 个样本的 25 个候选指标体系适用于进行 PCA 分析。结果显示，按照特征值大于 1 且累计方差大于 70% 的原则，提取 6 个主成分（表 4-2）。

表 4-2 候选指标主成分分析结果

项目	1	2	3	4	5	6
底栖动物多样性综合指数	−0.524	−0.204	−0.283	0.063	−0.314	−0.054
鱼类多样性综合指数	−0.176	−0.305	−0.184	0.230	0.116	−0.433
石油类	0.071	0.038	0.188	−0.142	−0.030	0.748
硝态氮	−0.001	0.861	0.045	0.199	0.147	0.104
亚硝态氮	0.224	0.831	0.143	0.211	0.245	−0.016
氨氮	0.805	0.345	0.199	−0.079	0.083	−0.075
COD	0.205	0.082	0.779	0.165	0.054	−0.001

项目	1	2	3	4	5	6
阴离子表面活性剂	0.807	−0.099	−0.044	0.226	0.340	0.123
BOD_5	0.222	−0.017	0.796	−0.054	0.277	0.004
总磷	0.742	0.167	0.582	−0.072	0.071	0.041
总氮	0.790	0.474	0.181	−0.063	0.046	0.020
氟化物	0.432	0.665	0.032	−0.252	0.156	0.050
PAHs	0.227	0.117	0.476	−0.024	0.568	0.068
汞	0.435	0.413	0.642	−0.008	0.146	0.039
铬	0.143	0.846	0.221	−0.024	−0.103	−0.087
镍	0.255	0.405	0.296	0.145	0.542	−0.058
铜	0.287	0.609	−0.326	−0.123	0.069	−0.094
锌	−0.109	−0.023	−0.033	0.929	−0.151	0.085
砷	0.816	0.121	0.330	−0.087	−0.174	0.082
镉	−0.005	0.060	0.039	0.936	−0.082	−0.125
铅	0.159	0.423	0.327	0.666	0.176	0.081
pH	−0.013	−0.120	−0.186	0.174	0.126	0.817
电导率	0.527	0.477	0.389	0.070	0.202	0.025
DO	−0.029	−0.191	−0.187	0.388	−0.744	−0.070
氧化还原电位	0.132	0.183	0.143	−0.121	0.014	0.149
方差贡献率 /%	35.058	11.620	9.315	6.419	6.192	5.162
累积方差贡献率 /%	35.058	46.678	55.993	62.412	68.604	73.766

第一主成分包括底栖动物多样性综合指数、氨氮、阴离子表面活性剂、总磷、总氮、砷、电导率，综合反映了汾河流域河流水环境特征组成要素，即营养盐、生物要素、重金属等，是汾河河流生态系统特征变化的主要限制因子，其中营养盐和重金属的贡献率较大。

第二主成分包含硝态氮、亚硝态氮、氟化物、铬、铜。

第三主成分包含 COD、BOD_5、汞。

第四主成分包含锌、镉、铅。

第五主成分包含 PAHs、镍、DO。

第六主成分包含石油类、pH。

根据上述分析，筛选出了共计 23 个对河流生态特征贡献率较大的指标。鱼类多样性综合指数载荷值较低，但是考虑到鱼类是汾河流域生态系统的重要组成部分，同时也是国内外河流健康评价的常用指标，因此保留该指标，并与上述 23 个指标一并进入下一步筛选过程。

对余下的 24 个指标进行正态分布检验，结果表明，鱼类多样性综合指数、亚硝态氮、氨氮、总磷、铬、铜、锌、砷、镉、铅、pH 符合正态分布（$p < 0.05$），其余指标均不符合。分别采用 Pearson 相关和 Spearman 秩相关检验进行相关性分析，结果表明，鱼类多样性综合指数、石油类和锌与其他指标间的相关性较差，说明这 3 类指标相对独立，可以保留。底栖动物多样性综合指数属于能够反映河流生态系统特征的重要指标，因此也予以保留。在水体物理指标中，DO 与底栖动物多样性综合指数、BOD_5 等显著相关，保留该指标。在水体化学指标中，总氮与氨氮、BOD_5 等显著相关；硝态氮与亚硝态氮、铬等显著相关；COD 与总磷、电导率等显著相关。鉴于总氮、总磷、硝态氮、COD、BOD_5 能够较为全面地反映有机污染和营养物方面的特征，因此保留这些指标进入综合评价。阴离子表面活性剂与氨氮、总磷等显著相关；氟化物与亚硝态氮、汞等显著相关，主要反映生活污染的特征。此外，污染指标中重金属铬、铜、镉与其他重金属之间的相关性较显著，保留这些指标参与下一步综合评价。根据上述筛选过程，得到底栖动物多样性综合指数、鱼类多样性综合指数、石油类、DO、硝态氮、COD、BOD_5、总氮、总磷、氟化物、阴离子表面活性剂、锌、铬、铜、镉 15 个指标进入河流健康综合评价。

4.2 太原汾河景区跨桥断面水体污染的时空变化模式

太原汾河景区跨桥断面位于山西省太原市汾河景区八座跨河大桥，分别为胜利桥北湿地（S1）、胜利桥南水体（S2）、迎泽桥（S3）、南内环桥（S4）、长风桥（S5）、漪汾桥（S6）、柴村桥（S7）和 2010 年年末建成的南中环桥南（S12）。

监测的水质指标包括叶绿素（Chl a）、氨氮（NH_3-N）、化学需氧量（COD）、高锰酸盐指数（I_{Mn}）、总磷（TP）、总氮（TN）、溶解氧（DO）和 pH 共 8 种参数，按照《地表水环境质量标准》（GB 3838—2002）中的分析方法测定。采样时间为 2012 年 3 月—2013 年 10 月，其中 2012 年 5—9 月对各监测点实行逐日采样测量，其余时间实行每周采样测量，各监测点均采集样本 172 次。

采用 PI 对河流水质进行综合评价：

$$PI = \frac{1}{n}\sum_{i=1}^{n} C_i / S_i \qquad (4-1)$$

式中，C_i 为各水质参数测量值；S_i 为 GB 3838—2002 中Ⅲ类水质标准限值。考虑到汾河太原段是城市景观水体，对 TP 和 TN 的计算参考湖、库的标准限值。水体 PI 与污染程度之间的关系如表 4-3 所示。

表 4-3　水体 PI 和污染程度之间的关系

项目	Ⅰ类	Ⅱ类	Ⅲ类	Ⅳ类	Ⅴ类	劣Ⅴ类
水质状态	清洁	较为清洁	轻微污染	中度污染	重度污染	严重污染
标准值	PI ≤ 0.59	0.59<PI ≤ 0.73	0.73<PI ≤ 1	1<PI ≤ 1.40	1.40<PI ≤ 1.99	PI>1.99

对于太原汾河景区河流水体 8 种水质参数在春、夏、秋 3 个季节的变化情况，采用 SOM，依据数据自身信息的映射结构进行聚类和图像可视化表达，并对各监测点河流水质状况进行 PCA 分析，确定主要影响因子。文中基本结果图用 R 语言，SOM 分析使用 MATLAB 2012b 软件，PI 的时空分布的 heatmap 图谱分析采用 R 语言 bioconductor 包 heatmap 函数，PCA 分析采用 R 语言 vegan 包完成。

4.2.1　河流水质变化基本特征

太原汾河景区水体 pH 呈碱性，站点间各水质参数变化差异明显。Chl a、COD、I_{Mn} 和 TP 指标的最大值主要集中在 S12，监测值的平均值分别为 68.90 mg/m^3、30.1 mg/L、6.17 mg/L 和 0.14 mg/L；Chl a、COD 和 DO 指标的最小值均集中在 S7，监测的平均值分别为 21.40 mg/m^3、16.80 mg/L 和 7.08 mg/L。S7 监测点位于太原汾河景区上游，是汾河流经城市的入口，受城市生活排污影响较小，各监测值相对较小；而 S12 监测点位于太原汾河景区下游，是近年来太原市向南发展的主要区域，也是未来城市发展的增长点，此区域受城市生活排污影响最大，各监测值相对较高。从 PI 来看，仅 S5 监测点水质达 III 类标准，水体处于轻微污染状态（PI=0.97），而 S12 监测点水质处于 V 类，水体处于重度污染状态（PI=1.56），其余各站点水质为 IV 类，属中度污染状态。

同样地，受太原市经济"南移西进"战略发展的影响，S12 监测点处于河流下游，污染物汇入较多，周围居民生活污水集中排放，导致河流水体呈现出水质恶化、污染严重的特征。此外，S7 区域是太原市重工业的主要分布区，又处在城市段河流的上游，其水质虽未呈现重度污染情况，但对其水质的管理不容忽视。从太原汾河景区水体监测指标的频率分布来看，Chl a 集中分布于 20～60 mg/m^3；NH$_3$-N 集中分布于 0.5 mg/L 以下，处于 II 类水质以上；COD 集中分布于 10～30 mg/L，处于 VI 类水质以上；I_{Mn} 集中分布于 2～6 mg/L，处于 III 类水质以上；TP 集中分布于 0.15 mg/L 以下，部分时间段水质处于 IV 类和 V 类之间；TN 集中分布于 1～3 mg/L，大部分时间段水质劣于 III 类；DO 集中分布于 5～10 mg/L；pH 集中分布于 8.0～8.8。

4.2.2 河流各水质参数季节性变化特征

基于 SOM 对太原汾河景区各水质参数季节性变化进行聚类分析，结果如图 4-1 所示。各水质参数季节性变化呈现时间异质性特征：Chl a、COD 和 I_{Mn} 的最大值主要分布在夏、秋两季；NH$_3$-N、TP 和 TN 的最大值主要分布在秋季；DO 和 pH 在春、夏季变化幅度最大。从季节来看，春季 Chl a、NH$_3$-N 和 TP 变化幅度较小，COD、I_{Mn} 和 TN 次之，DO 和 pH 变化剧烈；夏季仅 NH$_3$-N 和 TN 变化幅度较小，其余各参数变化幅度较大；秋季 NH$_3$-N 和 TN 变化幅度较大，pH 变化最小，其余各参数变化幅度居中。

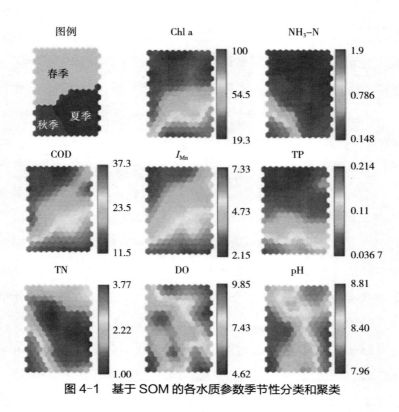

图 4-1　基于 SOM 的各水质参数季节性分类和聚类

城市河流水化学因子的季节性变化规律可能与市区沿岸工厂、企业的阶段性生产或废水及生活污水排放有关，还可能受城市降水量的影响。污染物的汇入增加了水体中有机污染物含量，尤其是氮和磷浓度升高。有学者指出，径流季节性变化使进入河流水体的有机物和无机还原物呈现较大波动，而与之相关的厌氧细菌繁殖活跃程度受到影响，使水体中各理化指标呈现较大波动。

4.2.3　河流水体综合污染指数的时空分布特征

太原汾河景区水体 PI 的时空分布如图 4-2 所示。渐进的颜色梯度代表了水体污染的严重程度，颜色越深，污染越严重。2012 年 3 月—2013 年 10 月，各站点水体污染程度存在时间和空间的差异性。从时间来看，水体污染最严重的区域出现在 2012 年 6—9 月、2012 年 11 月以及 2013 年 6 月。从空间来看，同期 S6、S7 和 S12 监测点，水质类别为 V 类，属重度污染（PI＞1.4）。此外，个别站点（如 S4）仅在 2012 年 8—9 月出现过 V 类水质的重度污染现象，其他时间段各站点水质污染相对较轻，仅为轻度或中度污染，水质类别处于 IV 类以下。究其原因，S7 监测点位于城市河流的上游，其周边重工业企业的污水排放是水体污染的主要因素，而 S4 和 S6 站点位于河西老工业区，主要承担玉门河和九院沙河暗渠排污压力，排污口平均流量大、排污量多是造成 S4 和 S6 站点污染严重的主要原因。

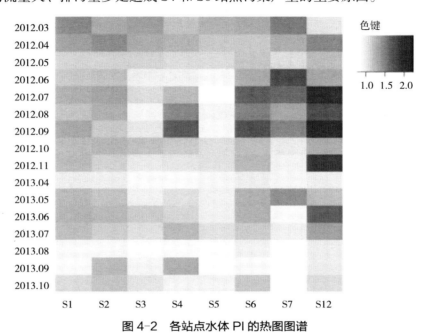

图 4-2　各站点水体 PI 的热图图谱

对太原汾河景区各监测点河流水质参数及 PI 的 PCA 分析如图 4-3 所示。各站点河流水质状态的主要影响因素存在差异性，其中，S1 监测站点受 DO 和 pH 影响最小，而 TP 和 PC1 轴具有很强的正相关性，TN、COD 和 I_{Mn} 与 PC2 轴有相对较强的相关性，表明 TP、TN、COD 和 I_{Mn} 是 S1 监测点水体污染状态的主要解释变量 [图 4-3（a）]。在 S2 监测点受多种水质因子的影响，但 COD、I_{Mn}、TP 和 PI 与 PC1 轴具有较大的正相关性，表明这 4 种水质因子是该站点水体污染状态的主要解释变量 [图 4-3（b）]。S3 监测点受 PI 影响较大，而 COD、I_{Mn} 和 Chl a 与 PC1 轴具有较强的相关性，尤其是 COD 是该站点水体污染状态最主要的解释变量 [图 4-3（c）]。S4 监测受多种水质因子影响，但 TP、NH_3-N 和 PI 是该站点水体污染状态最主要的解释因子 [图 4-3（d）]。S5 监测点受 PI 影响较大，PI、TN 和 I_{Mn} 是该站点水体污染状态最主要的解释因子 [图 4-3（e）]。TN、NH_3-N 和 PI 是 S6 监测点的主要影响因子，与 PC1 轴相关性最强，是该站点水体污染状态的主要解释因子 [图 4-3（f）]。DO 是 S7 监测点水质变化的主要影响因子，而 NH_3-N、TN、TP 和 PI 与 PC1 轴相关性较强，是该站点水体污染状态的主要解释因子［图 4-3（g）］。S12 站点受多种水质因子影响，TP 和 PI 与 PC1 轴相关性较强，是该站点水体污染状态最主要的解释因子［图 4-3（h）］。综合来看，TP 和 TN（尤其是 TP）是河流水体污染状态的共同解释因子。其次，河流上游反映有机污染物总量的 COD 和 I_{Mn} 对水体污染状态的解释作用较强，而下游主要解释因子则是 TP 或 TN。此外，PI 在各站点也显示出了较好的稳定性，构成了河流水体污染状态的共同解释因子。有学者对汾河水质进行评价时指出，PI 可以用于一条河流不同断面水质的客观比较，既能定性评价，也能定量评价，同时综合考虑了水质类别、定量污染程度等水环境管理信息。

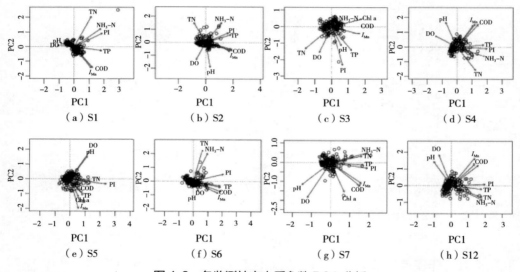

图 4-3　各监测站点水质参数 PCA 分析

此外，图 4-3 所示的各监测站点水质参数的 PCA 分析结果还展示了不同水质因子间的类群关系。COD 和 I_{Mn} 是反映水中所含有的耗氧物质的总量，也就是水中有机污染物总量，各站点 PCA 图均显示两个矢量指示方向一致、距离最小，属同一类群。除 S3 监测点外，其他各监测站点向量 DO 和向量 pH 指示方向一致、距离最小，因此可划分为同一类群。PI 用来评价水体污染状态，PCA 结果显示，8 个监测站点中有 7 个监测站点的 PI 可与 TN、NH_3-N 或 TP 划为同一类群，例外的站点是 S6，该站点的 PI 难以与其他指标化为同一类群，表明该站点水体污染的影响要素复杂，多种污染因子共同决定了该站点的水质状况。

4.2.4　城市水体景观富营养化及水生态时空变化特征

汾河流域城市水体理化因子长时间序列变化结果表明，水体平均水温在夏季最高，冬季最低，不同季节间的水温存在显著性差异，而在空间分布上，各区域间则没有明显差异。城区汾河水体全年呈弱碱性，其中冬季的pH最高，季节性差异不明显，受经济发展和人类生活影响，空间上不同区域间pH差异较大。从水体理化指标上看，硝酸盐秋季相对较低，且在空间上存在区域异质性特征；亚硝酸盐浓度在夏季相对较高，同样存在空间异质性特征。河流水体溶解有机碳浓度在秋季相对较小，在空间上存在异质性特征。反映水体水生态指标的Chl a浓度与水体浮游植物生物量有关，夏季和秋季水体的Chl a浓度相对较高，这与夏季和秋季的浮游植物生物量相对较大有密切关系，类似地，在空间上，水体的Chl a浓度也存在异质性特征。综合来看，反映水质状况的水体含氮量和含磷量都达到了湖泊富营养化水平，表明汾河水体水质受到一定程度的污染，属于富营养型水体，上游水质明显优于中下游。

在城市河流中，快速的城镇化引发了一系列复杂的环境问题，如水系的变化、生物地球化学循环的变化、城市中尺度气候变暖和生物多样性被破坏等。城镇化过程通过改变河道形态、水质和水生生物群等，对当地水文系统产生了巨大影响。此外，在城市地区，水质恶化还可能与不透水表面面积增加以及城市污水排放有关。城市河流水化学性质的变化对水生生物有很大的影响，城镇化对河流影响的累积变化最能反映在人为活动（如城市、工农业活动和水资源的开发日益加剧）上。河流中浮游生物［如藻类（蓝藻、绿藻和硅藻）］的变化长期以来被认为是反映该水体系统营养状况和环境质量的良好指标。因此，藻类密度可直接反映城市河流水体的生态状况。

RDA分析结果表明，水温、气温、pH、COD、Chl a和DO是影响藻类密度的主要因素，尤其是水温、pH、COD、Chl a和DO与RDA 1高度相关（77.64%的方差）（图4-4）。蒙特卡洛置换实验表明，水温、气温、COD、Chl a、DO、pH、总氮和氨氮均显著高于99.9%的置信水平（$p < 0.01$）。

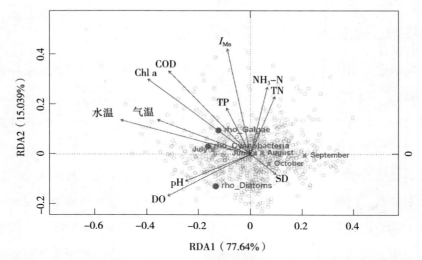

图 4-4　汾河太原市区多年期 3 种主要浮游藻类密度随月份变化的 RDA 分析

　　NMDS 是一种基于高维数据非线性迭代的降维排序方法。NMDS 排序图（图 4-5）显示了蓝藻密度与绿藻和硅藻密度在时间（7 月、8 月）上的明显分离。当淡水生态系统的季节温度从 10 ℃上升到 30 ℃时，增长率最高的浮游植物群由大到小排序通常是硅藻、绿藻、蓝藻。这些研究表明，太原市城区汾河水体蓝藻密度在夏季最高，尤其是在 7 月，绿藻密度在 8 月有下降趋势。10 月绿藻密度和硅藻密度之间存在一定的差异，表现为夏季硅藻密度发生较大变化，总体呈下降趋势，到了 10 月硅藻密度才得到一定恢复；10 月绿藻密度相对较小。

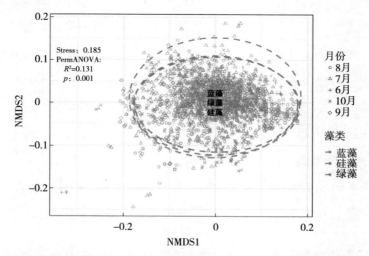

图 4-5　汾河太原市区多年期 3 种主要浮游藻类密度随月份变化的 NMDS 分析

汾河流域城市河流水质经过多年的生态管控和治理,水质改善明显,2020年调查显示,太原市汾河段水体水质均有所提升,各监测断面水体富营养化程度不高,属于轻度富营养状态。反映水体水生态变化的蓝藻、绿藻和硅藻密度变化呈现出蓝藻与其他两类藻有显著的月份变化差异,表明城市河流水生态在夏季更易受到蓝藻的影响,而秋季则更容易受到硅藻或绿藻的影响。

4.3 城市景观水体类型汾河水库水体氮污染风险评价

氮作为重要的生命元素,是浮游植物生长过程中蛋白质合成的主要物质。由氮等营养物质引起的水体富营养化及其对水生生态系统的危害已成为社会关注的关键问题之一。硝酸盐是淡水水体中氮污染物的主要存在形式。近年来,农业化肥的过度施用、大量生活污水和动物粪便的排放导致淡水水体中硝酸盐含量异常高,对人类健康构成潜在威胁。为了控制水体中的氮源污染,识别进入水体的不同污染源造成的污染负荷被认为是帮助预防和解决水体污染的有效途径。

随着同位素技术的迅速发展,氮氧同位素技术($\delta^{15}N$ 和 $\delta^{18}O$)通常用于确定水体中硝酸盐的来源。先期学者们利用数学模型对不同来源的氮进行了诸多定量研究。一些常用的模型包括稳定同位素混合模型、贝叶斯模型(如 SIAR 中的稳定同位素分析)和 ISO 源模型。有学者建立了 SIAR 混合模型,该模型使用了通过贝叶斯框架建立的 Dirichlet 分布的逻辑先验分布,根据混合物中每个源的贡献率估计概率。该模型考虑了更多潜在污染源的识别,降低了质量混合模型的不确定性,已成功应用于硝酸盐污染源的分析。也有学者应用了 $\delta^{15}N$ 和 $\delta^{18}O$ 对浙江省长兴市水体中硝酸盐的主要来源进行了分析,并采用 SIAR 模型对不同来源的贡献率进行了定量研究。结果表明,12月粪便污水源和大气沉降源的贡献率均高于5月,化肥源和土壤源的贡献率均高于12月。12月,粪便污水贡献率最高,达到61%。5月化肥贡献率最高,为37%。国外学者将 Asopos 盆地作为研究区域,使用 $\delta^{15}N$ 和 $\delta^{18}O$ 检测地下水中的硝酸盐,综合运用 SIAR 模型和多因素分析方法,研究了不同来源硝态氮的贡献率。结果表明,粪便和肥料是地下水污染的主要原因,而土壤源是水体西南部污染的主要原因。还有外国学者研究了佛罗里达州海湾沿岸居民住宅附近降雨径流中硝酸盐的来源，并应用 SIAR 模型计算了不同污染源的贡献率。结果表明，大气沉降和肥料是硝态氮的主要来源，贡献率分别为 43%～71% 和 1%～49%。国内学者进行了一项基于三峡水库（TGR）的研究，利用氮氧同位素技术，结合贝叶斯混合模型，确定了硝酸盐的来源，并计算了各来源的比例贡献率。结果表明，在 3 个季节的研究期间，三峡库区尾区的主要 NO_3^--N 源为 NH_4^+ 肥料（7%～54%）和土壤有机氮（2%～45%）。另有研究揭示了我国东条溪水系硝酸盐的特征并确定了来源分配，研究发现硝酸盐浓度的时间分布受降水时间变化的影响，应用贝叶斯模型进行的源分配结果表明，3 个河段的源贡献存在显著差异，即上游土壤氮（68%～73%）大于降水量，中游污水、粪肥、化肥、土壤氮贡献了 85% 以上的硝态氮，下游，化肥、污水/粪肥、土壤氮是主要贡献者（85% 以上）。

汾河水库是山西省最大的水库，也是太原市最大的集中式饮用水水源地。水库位于汾河干流上游段，流域面积为 5 268 km^2，目前，对太原市日生活供水量约 60 万 m^3/d，占总供水量的 43%。研究表明，汾河水库 3 个监测点的 TN 最高浓度超过 Ⅲ类水质标准值 3.61 倍。2015 年，汾河水库汛期和旱季 TN 浓度分别为 1.40～1.42 mg/L 和 2.48～2.98 mg/L，超标 1.8～4.9 倍。汾河水库上游断面 90% 以上的监测点都受到了不同程度的污染。

汾河水库为河流型水库，水库补水主要靠上游河道，其中引黄工程补水约占 45%。汾河水库上游段景观多样，生态系统类型丰富，补给水源复杂。因此，系统分析汾河水库及其上游河段的氮素来源，对汾河水库的氮素管理具有重要意义。本研究分析了硝酸盐的来源，并通过对水体中氮、氧同位素特征的分析，探讨了氮的可能迁移转化。基于 SIAR 质量混合模型估算了氮源的贡献率，不仅为研究区氮污染的控制提供了科学有效的依据，而且有利于水源地水质的控制和水资源的有效利用，帮助进行地表水环境氮污染源的示踪和定量分析。

4.3.1　汾河水库上游段氮污染

汾河一年中不同形态无机氮的分布如图 4-6 所示，丰水期 TN、NH_4^+-N、NO_3^--N 和 NO_2^--N 的浓度分别为 0.880～3.520 mg/L、0.035～0.187 mg/L、0.160～1.060 mg/L 和 0.008～0.174 mg/L。在旱季，TN、NH_4^+-N、NO_3^--N 和 NO_2^--N 的浓度分别为 0.870～10.600 mg/L、0.079～0.129 mg/L、0.280～3.010 mg/L 和 0.006～0.838 mg/L。

图 4-6 显示，汾河水库上游 84.6% 的采样点超过了《地表水环境质量标准》（GB 3838—2002）中Ⅲ类（TN 为 1.0 mg/L）的指导值。

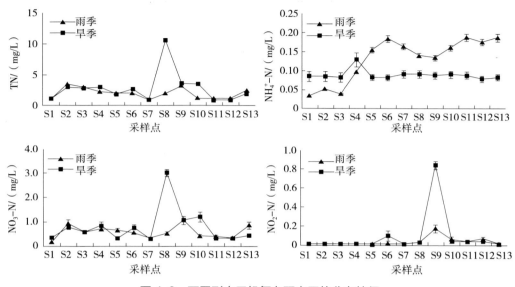

图 4-6　不同形态无机氮在研究区的分布特征

无机氮浓度的峰值经常出现在 S6、S8 和 S9 3 个采样点。S6 的 NH_4^+-N 和 NO_2^--N 浓度较高，S8 的 TN 和 NO_3^--N 浓度在雨季达到最高水平。由于这两个采样点位于汾河干流，污染主要来自汾河干流沿线 13 个乡镇排放的未经处理的污水。在旱季和雨季，S9 的 TN 和 NO_3^--N 浓度都相对较高。该采样点主要受澜河支流影响，可能受到周边污水处理厂处理不彻底及生活污水排放的影响。在采样点 S13，雨季 NH_4^+-N 和 NO_3^--N 相对较高，这是因为，周边人口比较密集，大量生活污水和畜禽粪便未经任何处理直接排入河流。

4.3.2　汾河水库上游段硝酸盐同位素特征

利用硝酸盐氮和氧同位素对河流中的硝酸盐源进行了定性分析，认为水体中硝酸盐氮稳定。然而，反硝化作用可能会改变硝酸盐源同位素的组成，从而进一步影响可追溯性。因此，了解反硝化作用的原理是探索硝酸盐来源的前提。研究表明，如果 δ^{15}N 至 δ^{18}O 为 1.3∶1～2.1∶1，可进行反硝化。此外，当水体中的 DO 浓度超过 3.1 mg/L 时，不利于反硝化。本研究在整个采样周期内，各采样点的 DO 含量均大于 3.1 mg/L，且 DO 含量充足。因此，可以确定研究期内汾河几乎没有发生反硝化作用。

硝酸盐氮和氧同位素的结果表明雨季 $\delta^{15}N$ 为 0.117‰~4.894‰，而雨季 $\delta^{15}N$ 为 0.117‰~4.894‰，雨季 $\delta^{18}O$ 为 −3.268‰~24.531‰（图 4-7）。在旱季，$\delta^{15}N$ 在 0.527‰~4.691‰，而 $\delta^{18}O$ 为 −0.485‰~21.527‰。平均硝酸盐 δ 在干湿季节 $\delta^{15}N$ 分别为 2.283‰、2.710‰。水库的 S9 和 S5 样点中 $\delta15N$ 最低，而 S10 和 S11 样点中 $\delta^{15}N$ 最高，可能是因为水库位于人口稠密的岚县附近。因此，S10 和 S11 受生活污水影响较大。平均硝酸盐枯水季节 $\delta^{18}O$ 分别为 5.862‰、5.891‰，最高值的样品均在 S13 取样点建河大桥采集，说明 S13 处无机肥污染较为严重。

如图 4-7 所示，$\delta^{15}N$ 和各采样点 $\delta^{18}O$ 主要分布在无机肥、土壤有机氮、生活污水典型值范围内或附近。通过对污染源的现场调查，可以确定汾河水库上游段硝态氮污染主要来自无机肥、土壤有机氮和生活污水。

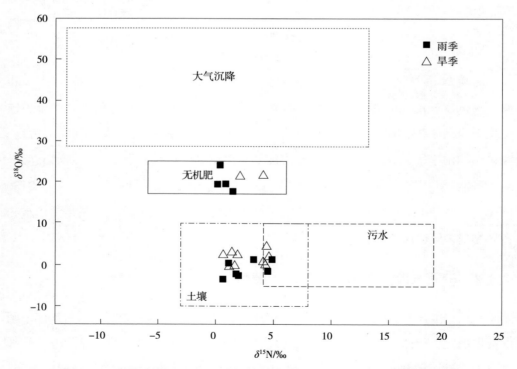

图 4-7　典型值和测量值分布图 $\delta^{15}N$ 和 $\delta^{18}O$ 适用于不同来源的硝酸盐

注：$\delta^{15}N$ 和 $\delta^{18}O$ 源于大气沉降、污水、无机肥和土壤。

4.3.3　汾河水库上游 NO_3-by-SIAR 模型各源贡献率的计算

　　研究采用基于贝叶斯分析的同位素源分析模型 SIAR，分析了 3 种硝态氮源对汾河水库上游的贡献率。从局部采样数据中，得到了 3 种污染源的平均同位素特征和方差。前者分析表明，研究区微生物反硝化作用较弱。因此，分馏系数 C_{jk} 为零。

　　根据 SIAR 模型的产量，汾河水库上游段雨季 NO_3^- 三种来源的贡献率依次为土壤有机氮（36.83%）＞生活污水（32.96%）＞无机肥（30.21%）。但在干季后，生活污水（40.68%）＞土壤有机氮（31.40%）＞无机肥（27.91%）（图 4-8）。结果表明，土壤氮素对雨季硝态氮的贡献率较高。因为 2019 年汾河水库上游段土地利用类型主要由农田、森林、草原组成，分别占总土地面积的 33.2%、30.2% 和33.1%。森林土壤中的水溶性有机氮在土壤氮库中起着重要作用。对于许多森林，土壤中的水溶性有机氮含量是 NH_4^+-N 和 NO_3^--N 水平的 100 倍以上。本研究在雨季降水量较大，水溶性有机氮进入水库，水土流失。然后通过硝化作用将它们转化为硝酸盐。由于这一时期人类活动增加，生活污水对硝态氮的贡献在旱季高达 41%。而无机肥在两个时期的贡献率较小（28%～31%）。可见，山西省"五水处理"工程取得初步成功，控制种植造成的非点源污染有一定成效，但城乡污水排放控制仍需进一步完善。

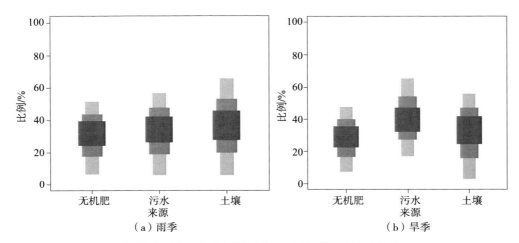

图 4-8　汾河水库上游源贡献的平均概率估计箱线图

注：绿色、蓝色和红色图例分别表示 50%、75% 和 95% 可信区间。

为了进一步解释 SIAR 模型对每个污染源的贡献，本研究提供了一个事后测试分布图（图4-9）。结果表明，不同硝态氮源的后验概率中位数、均值和最大后验概率基本相同，后验概率呈对称分布。对于三个硝酸盐氮源的后验样本，其事后平均值、中位数和最大估计概率之和均等于 1。

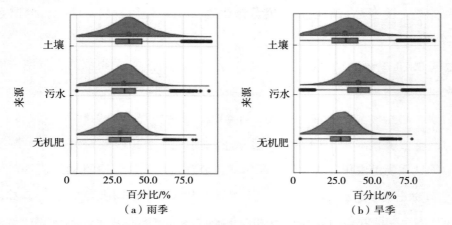

（a）雨季　　　　　　　　　（b）旱季

图 4-9　汾河水库上游三种潜在 NO_3^- 源比例贡献的后验分布

研究区太原市城区汾河水库水体氮污染严重的断面主要受支流输入和周边生活污水排放的影响。雨季水质优于旱季。总之，研究区水质受到严重污染。基于 SIAR 模型对水体硝酸盐氮氧同位素进行定量分析，结果表明，汾河水库上游段主要污染源为无机肥、土壤有机氮和生活污水。化肥、土壤有机氮和生活污水的贡献率分别为 30%~31%、31%~37%、33%~41%。

4.4　太原市城区城市化进程中不透水面时空变化规律

全球范围内的土地利用变化已使地表在过去的 100 年里发生了显著变化，其最重要的特征之一就是大量的不透水面取代了以植被为主的自然景观。不透水面是指由各种不透水建筑材料所覆盖的表面，如由瓦片、沥青、水泥混凝土等材料构成的屋顶、道路和广场。由于不透水面会阻止水的下渗，阻断自然地表的蒸散作用，并由此给全球的生态环境带来负面影响，因此从 20 世纪 90 年代起就逐渐引起了人们的关注，并认识到不透水面是影响环境的关键因子。当地表不透水面率达到 10%

时，流域水质就会受到影响，而达到30%时流域的水质便会下降；不透水面率高的城市，地表由于地表热平衡受到破坏使得夏季增温现象明显，城市产生严重的热岛效应；不透水面率高的城市地面还会使暴雨发生时地表径流量增大4～5倍，导致城市内涝；除此之外，不透水面的广泛存在也影响了生物的迁徙，破坏了自然生态系统。因此，及时掌握不透水面分布信息，准确量化地表不透水面比例，对于保护生态环境具有重要的意义。

图4-10显示太原市市区不透水面各年统计情况，由图可知，1990—2015年，市区不透水面面积呈现上下波动起伏发展，最大值在2016年，该年市区不透水面积为30.97 km²，之后逐年下降。

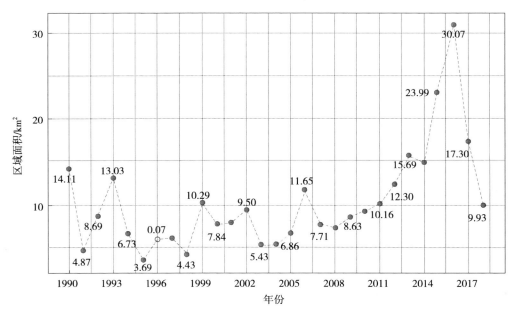

图4-10 太原市市区不透水面各年变化趋势

从空间发展来看，自1990年始，以5年为一个周期，太原市市区不透水面的空间发展如图4-11所示。由图可知，红色不透水面部分呈现向南发展趋势，这与区域经济发展及城市规划一致，明显地，2015年后市区南部区域不透水面显著增加。

图4-12和图4-13分别是太原市6个城区5年周期和10年周期平均不透水面积柱状图。从时间趋势来看，2000年之前，各区域不透水面积变化不明显，但自

2005 年后，小店区、晋源区和尖草坪区不透水面积发展最快，尤其近几年小店区不透水面积增加最快。

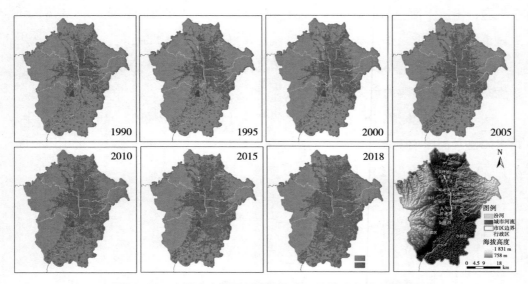

图 4-11　太原市市区不透水面 5 年周期的空间变化情况

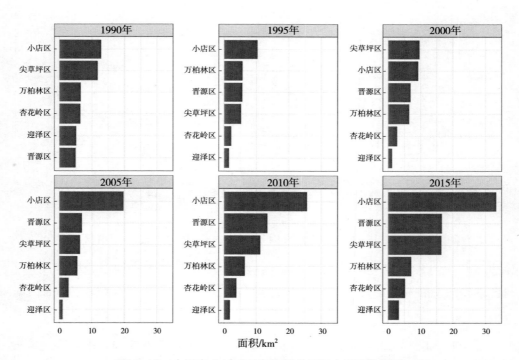

图 4-12　太原市 6 城区 5 年周期的不透水面变化情况

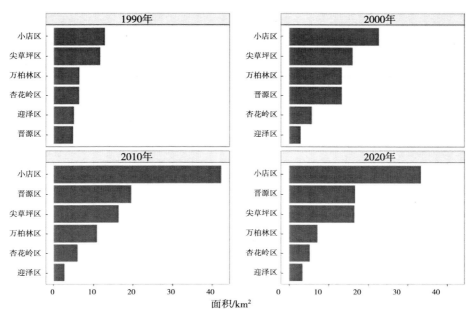

图 4-13 太原市 6 城区 10 年周期的不透水面变化情况

图 4-14 是近 30 年来，对太原市 6 城区不透水面的线性模型结果，线性模型的年变化率（斜率）揭示了小店区和晋源区不透水面积年增加量为正值，而其余四区域年变化量为负值，表明多年来小店区和晋源区相比于其他四个区域人类活动量存在逐年增加趋势，但尚未发现显著变化（$p>0.05$），迎泽区和万柏林区不透水面积呈现逐年显著减少的趋势（$p<0.05$）。

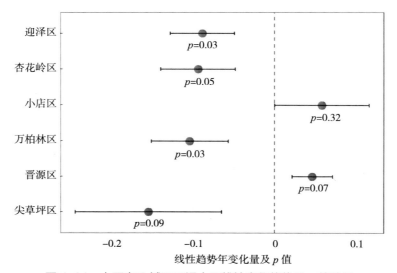

图 4-14 太原市 6 城区不透水面线性变化趋势及 p 统计量

5 汾河流域地表水景观水体及其沉积物中邻苯二甲酸酯类污染水平及风险

5.1 景观水体水相中 PAEs 的含量及组成

汾河流域水相中 PAEs 浓度如表 5-1 所示。枯水期水相中 PAEs 总量变化范围为 2.44~154.72 mg/L，丰水期受地表径流量、大气干湿沉降及底泥扰动等因素的影响，富集了更多的 PAEs，总量浓度为 2.79~2 063.33 mg/L，约为枯水期浓度的 13 倍。

表 5-1 丰水期和枯水期水相中 PAEs 浓度范围和均值 单位：mg/L

PAEs	丰水期			枯水期		
	最小值	最大值	均值	最小值	最大值	均值
DMP	ND	1.78	0.38	0.05	4.05	0.61
DEP	ND	23.14	1.28	0.06	6.93	0.83
DBP	1.01	45.54	10.03	0.79	85.45	12.51
BBP	ND	18.68	2.79	ND	8.85	0.98
DEHP	0.34	148.75	20.55	1.03	91.75	14.23
DNOP	ND	0.51	0.15	ND	0.76	0.07
∑PAEs	2.79	206.33	33.45	2.44	154.72	29.24

枯水期 6 种 PAEs 的平均浓度按照 DEHP>DBP>BBP>DEP>DMP>DNOP 的顺序递减，其中 DEHP 的含量最高，平均浓度为 14.23 mg/L，占总量的 42.2%~59.3%。丰水期有 4 种 PAEs 含量均高于枯水期，DEHP 平均含量最高，均值为 20.55 mg/L，所占比例为 12.2%~72.1%；DEHP 在枯水期降幅最大，约为丰水期的 1/3。因此，无论是枯水期还是丰水期，PAEs 均以 DEHP、DBP 为主，DEHP 浓度贡献最大，DBP 次之。

5.2 水相中 PAEs 的空间分布

为了解汾河流域水相中 PAEs 分布情况（图 5-1），对 PAEs 在 29 个采样点污染浓度进行分析，丰、枯水期水相中 PAEs 沿江分布不均匀，PAEs 在 29 个采样点的空间分布规律并不一致。

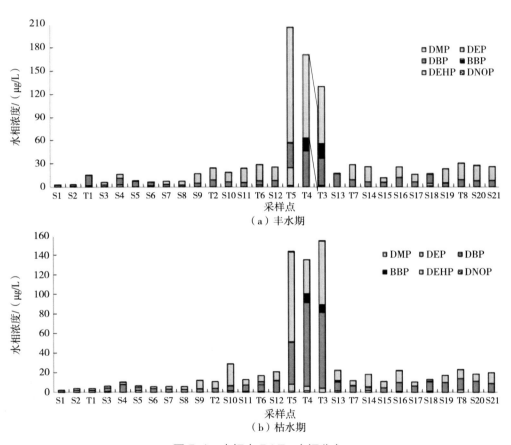

图 5-1 水相中 PAEs 空间分布

丰水期干流 PAEs 浓度低于支流，从上游到下游干流 PAEs 浓度呈现先升后降的趋势。较高值出现在 T3、T4、T5（分别为祥云桥西、东暗渠和太榆退水渠站点），PAEs 最高值为 206.33 mg/L，此处的主要污染物为 DEHP，含量高于其他站点 PAEs 总量。DEHP 大部分是源于黏合剂、涂料、高分子助剂、电容器油等。祥云桥西、东暗渠主要接受太钢排水、太原市河东及河西生活污水。太榆退水渠上有生活污水及水泥厂等工业废水排入加剧了该区域 PAEs 的污染。此外，该区域位于太原段支流，临近太原国家高新技术产业开发区，其中医疗器械厂、塑料等企业产生的 DEHP 污染可能比较严重。枯水期较高值仍然出现在上述 3 个采样点，但 DBP 含量增加显著，DBP 是最常用的增塑剂，是塑料中的重要组成部分，进一步说明该采样点 PAEs 污染主要受周边工业废水排放的影响。

依据《地表水环境质量标准》（GB 3838—2002）对 DBP、DEHP 标准限值的规定，丰水期有 60% 的站点超过 3 μg/L 和 8 μg/L 的限值，枯水期有 40% 的站点超过该限值，说明枯水期水质较好，丰水期水中 PAEs 污染比较严重。

5.3　水相 PAEs 与国内外同类研究的比较

PAEs 在全球主要工业国家的生态环境中已达到普遍检出的程度，成为全球性的最普遍污染物之一，并且引起了广泛的重视。与国内外已有研究报道的水域表层水体相比较（表 5-2），汾河流域 DMP、DEP 物质的含量仅次于西流松花江下游、安徽巢湖、意大利河流、南非 East London 港的浓度；DBP、DEHP 物质的含量低于黄河中下游水体、西流松花江下游、北京昆明湖，渭河流域、意大利河流、西班牙 Ebro 河、意大利 Velino 河和海河，而这两种污染物与南非 East London 港、黄河中下游及台湾河流大致相当，汾河流域 DNOP 污染水平较低。因此，就总体而言，汾河流域 PAEs 污染处于中等偏下水平。

表 5-2　世界不同水体中邻苯二甲酸酯类浓度比较　　　　单位：g/L

地点	DMP	DEP	DBP	DEHP	DNOP
黄河中下游水体	ND～0.581	0.115～1.093	ND～26	0.347～31.8	ND～709.5
长江武汉段	0.031	0.032	0.041	0.016	ND
西流松花江下游	ND～102.77	ND～381.42	ND～5 616.80	ND～1 752.65	ND
南昌市地表水	ND	ND～0.194	0.156～1.71	0.496～3.66	ND～1.89
北京昆明湖	ND	ND	1 390	1 390	2 220
北京排污河	ND	ND	7.4～390	ND	2.4～7.0

续表

地点	DMP	DEP	DBP	DEHP	DNOP
北京东沙河	ND	40	40	ND	40
北京颐和园	0.89	1.11	9.1	9.33	ND
北京北海公园	0.26	0.38	2.65	5.36	ND
合肥市水源水	ND	ND	5.43～7.25	1.65～1.94	ND
安徽巢湖	0.70～3.15	0.42～1.82	1.68～12.95	1.40～7.21	＜0.1
渭河流域	ND	0.057～1.434	0.365～1.55	0.673～31.496	ND
意大利河流	ND	0.1～3.2	1.0～44.3	1.0～31.2	0.6～11.3
南非 East London 港	0.03～31.7	0.03～33.1	2.8～12.19	0.06～19.74	
西班牙 Ebro 河	ND	0.26		237	
荷兰地表水			0.21	0.33	
马来西亚 Klang 河	ND～0.1	ND～0.2	0.8～4.8	3.1～64.3	ND～1.5
意大利 Velino 河		ND～3.2	ND～44.3	ND～31.2	ND～11.3
荷兰 Dutch 海湾	0.05～0.19	0.07～0.23	0.07～3.1	0.9～5	0.01～0.08
京津地区流域	ND	ND～1.53	0.41～4.78	ND～2.77	
海河			0.35～40.68	3.54～101.1	
广州地表水	0.03～0.09	0.02～0.32	0.94～3.6	ND	
黄河中下游	ND～0.58	0.012～1.093	ND～26	0.35～24	ND～7.1
台湾河流	ND	ND～2.5	1.0～13.5	ND～18.5	ND
汾河流域丰水期*	ND～1.78	ND～2.48	1.01～16.53	0.34～21.18	ND～0.51
汾河流域枯水期*	0.05～0.93	0.06～2.29	0.79～11.33	1.03～22.05	ND～0.18

注：* 不包括汾河太原段退水渠中的 PAEs 浓度。

　　 ND 表示"未检出"。

5.4　沉积物中 PAEs 的含量及组成

　　由表 5-3 可以看出，丰水期沉积物中 5 种 PAEs 沉积物（DNO 均未检出，不作分析）浓度范围为 0.064～3.551 mg/g。其中 DEHP 的含量最高，平均值为 0.661 mg/g；其次是 DBP，均值为 0.518 mg/g；BBP 含量最低，为 0.028 mg/g。PAEs 浓度按 DEHP＞DBP＞DMP＞DEP＞BBP 的顺序递减。枯水期沉积物 PAEs

浓度范围为 0.041～2.391 mg/g，对比两个采样时间，PAEs 总浓度并无显著性差异（$p>0.05$）。这是由于丰水期大量 PAEs 通过城市地表径流、土壤淋溶及雨水洗刷作用（湿沉降作用）进入水环境，进而被悬浮物颗粒吸附沉降至底泥中；同时丰水期气温高、雨量充沛，地表径流量大不仅使水体 PAEs 得到稀释，也使底泥扰动释放较多的 PAEs 到水环境中。另外，枯水期采样时，流域径流量远低于丰水期流量，大气湿沉降作用显著减弱，城市污水排放可能是影响沉积物 PAEs 含量的主要因素。

表 5-3　丰水期和枯水期沉积相中 PAEs 浓度范围和均值　　　　单位：mg/g

PAEs	丰水期			枯水期		
	最小值	最大值	均值	最小值	最大值	均值
DMP	0.013	1.526	0.338	0.011	0.877	0.227
DEP	ND	0.244	0.080	0.011	0.155	0.056
DBP	ND	1.620	0.518	ND	0.969	0.368
BBP	ND	0.155	0.028	ND	0.078	0.023
DEHP	ND	2.129	0.661	ND	1.322	0.527
DNOP	ND	ND	ND	ND	ND	ND
∑PAEs	0.064	3.551	1.623	0.041	2.391	1.202

注：ND 表示"未检出"。

5.5　沉积物中 PAEs 的空间分布

沉积物中 PAEs 的沿河分布如图 5-2 所示。在采样过程中，S4、S8、S10、T4、T5 水深较深，沉积物未采集到，数据空缺。与丰水期水相 PAEs 空间分布不同，同一采样时间丰水期干流沉积物中 PAEs 含量高于支流含量；同时丰水期流域中下游 PAEs 含量高于上游含量，中游 S14 站点 PAEs 含量达到干流最高值，为 3.551 mg/g。汾河流域中游太原段，人为活动比较复杂，增加了有机污染物的输入，沉积相中 PAEs 污染最为严重。枯水期干流沉积物中 PAEs 污染浓度与丰水期沉积相 PAEs 空间分布类似。

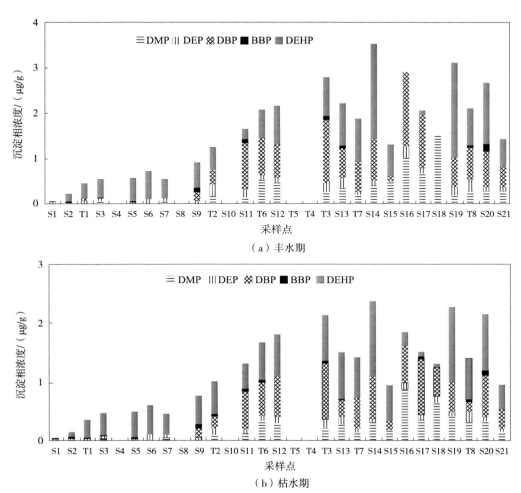

图 5-2 沉积物中 PAEs 空间分布

5.6 沉积物 PAEs 与国内外同类研究的比较

　　将汾河流域沉积相 PAEs 的污染情况与国内外其他河流、湖泊沉积物中 PAEs 污染水平进行对比，如表 5-4 所示。比较发现，研究区沉积相中 PAEs 浓度与国内河流相比，比长江武汉段、黄河中下游、太湖、台湾河流、广州地表水的浓度低 1～2 个数量级，比江汉平原要高，与海河沉积物中 PAEs 污染水平相近。与国外河流沉积物相比，汾河流域沉积相中 PAEs 浓度明显低于加拿大 False Creek 港、西班牙 Urdaibai 河，与荷兰 Dutch 海湾污染水平相当。总体而言，汾河流域沉积相中

PAEs 污染水平处于中等偏下水平。

表 5-4　各地沉积物中邻苯二甲酸酯类浓度比较　　　　单位：mg/g

地点	DMP	DEP	DBP	DEHP	DNOP
荷兰地表水	—	—	—	0.03	0.07
加拿大 False Creek 港	0.35	7.97	22.4	31.9	3.87
西班牙 Urdaibai 河	ND	ND	0.02～0.79	10～17	ND
荷兰 Dutch 海湾	0.01～2.5	0.07～1.2	0.03～1.00	0.12～7.60	0.01～0.06
江汉平原	ND～0.24	ND～1.87	ND～0.29	0.01～0.60	ND
海河	—	—	—	0.12～0.59	0.31～2.73
长江武汉段	0.01～1.89	ND～1.24	11.7～246	0.08～221.4	ND
广州地表水	0.01～0.43	0.03～1.05	0.08～1.26	0.21～14.16	ND～0.63
黄河中下游	ND～1.04	0.01～0.1	3.63～72.15	5.35～258.5	ND
太湖水	—	—	1.08～21.5	2.22～23.93	—
台湾河流	—	0.1～1.1	0.3～30.3	0.5～23.9	—
汾河流域丰水期*	0.013～1.526	ND～0.244	ND～1.620	ND～2.129	ND
汾河流域枯水期*	0.011～0.877	0.011～0.155	ND～0.969	ND～1.322	ND

注：* 不包括汾河太原段退水渠中的 PAEs 浓度。
　　ND 表示"未检出"。

5.7　汾河流域水体景观中 PAEs 风险评估

5.7.1　PAEs 生态风险评估方法

　　参照欧盟适用于现有化学物质与新化学物质风险评价技术指南（TGD）中的效应评价外推法对汾河水体中 PAEs 进行生态风险评价。在生态风险评价中，常用的指标有环境暴露浓度（Enviromnental Exposure Concentration，EEC）和预测无效应浓度（Predicted No Effect Concentration，PNEC）。PNEC 需根据毒性数据中无观察效应浓度（No Observed Effect Concentration，NOEC）、半致死浓度（Lethal Concentration 50，LC_{50}）和半效应浓度（Concentration for 50% of Maximal Effect，

EC_{50}）获得。围绕 PNEC 的评估，生态风险评价方法主要分为：以单物种测试为基础的外推法；以多物种测试为基础的微、中宇宙法；以种群或生态系统为基础的生态风险模型法。

从 USEPA 毒性数据库（EPAECOTOX）收集 PAEs 对藻（*Scenedemus vacuolatus*）、蚤（*Daphnia magna*）、鱼（*Oncohynchus mykiss*）的急性毒性数据 L（E）C_{50}，和慢性毒性数据 NOEC（>7 d），根据表 5-5 选取合适的评价因子（Assessment Factor，AF），推算水体中 PAEs 的 PNEC。将 EEC（本研究为实际监测浓度）与表征该物质危害程度的 PNEC 相比，计算得到风险商值（RQ=EEC/PNEC）。RQ>1 表示该污染物存在潜在风险，RQ 越大潜在风险越大；RQ<1 表示生态风险相对较小。

表 5-5　PNEC 推导中的 AF 取值

数据要求	评估系数（AF）
三个营养级别生物每一级至少有一项短期 L（E）C_{50}	1 000[a]
一项长期实验的 NOEC	100[b]
两个营养级别的两个种的长期 NOEC	50[c]
三个营养级别的至少三个种的长期 NOEC	10[d]
野外数据或模拟生态系统	1～5[e]

注：a. 只有短期毒性数据时，采用最低值除以评估系数 1 000，外推 PNEC。若给定化学物质在进行数据外推过程中，有一种不确定性在总的不确定性中所占的比例最大，此时需要对评估系数进行修正，根据权重，增大或减小评估系数。

b. 可以获得一项长期 NOEC 值时，若实验生物通过短期毒性实验证明为最敏感，则采用评估系数 100 外推 PNEC。若实验生物通过短期实验证明不是最敏感种，则 PNEC 应采用短期实验数据除评估系数 1 000 计算。

c. 可以获得两个营养级别两个物种的长期 NOEC 值时，若实验生物能通过短期实验证明其中一种生物为最敏感中，则采用两项长期 NOEC 值中的最低值除以评估系数 50 外推 PNEC；若实验生物通过短期实验证明均非最敏感物种时，则采用两项长期 NOEC 中的最低值除以 100 外推 PNEC。

d. 评估系数 10 仅适用于三个物种的三个营养级别的至少三项长期实验。

e. 视情况而定。

在采用 AF 进行数据外推时，应充分考虑单一物种的实验室数据外推到多物种生态系统过程中的多种不确定性因素，主要包括毒性数据的实验室内和实验室外差异、种内和种间生物差异、短期毒性向长期毒性外推的不确定性、实验室数据向野外环境外推的不确定性。当可获得多个物种实验数据时，应采用其中最敏感物种的数据进行外推。AF 的大小取决于所获得毒性数据的置信度，如果毒性数据代表性强，涵盖了不同营养级别的生物，则具有很高的置信度，而且当所得的数据多于基本数据的要求时，则 AF 可适当减小，PNEC 为评价终点与 AF 的比值。

计算 PNEC 时，应满足以下假设条件：

（1）生态系统的敏感性由生态系统中的最敏感物种表征；

（2）若生态系统的结构受到保护，生态系统的功能就可以得到保护。

基于以上假设，对危害性鉴别获得的生态毒理学数据，应选择数据中的最低 NOEC 或 L（E）C$_{50}$。

根据上述方法，从 USEPAEECOTOX 数据库获取 6 种 PAEs 的最低 L（E）C$_{50}$ 和 NOEC 毒性数据，选取合适的 AF，从而推导出 6 种 PAEs 的 PNEC。DBP 的 PNEC 值最小，DEHP 次之，DMP 和 DEP 最大，表明在水体中相同浓度水平下，DBP 和 DEHP 对水生生态环境的影响较严重，DMP 和 DEP 相对较轻。

表 5-6　淡水水体中 PAEs 的 PNEC　　　　　单位：μg/L

污染物名称	藻		蚤		鱼		AF	PNEC	文献值
	L（E）C$_{50}$	NOEC	L（E）C$_{50}$	NOEC	L（E）C$_{50}$	NOEC			
DMP	33 000	—	33 000	9 600	39 000	11 000	100	96.00	96.00[①]
DEP	33 000	—	33 000	9 600	56 000	11 000	100	96.00	—
DBP	210	—	2 990	500	350	25	50	0.50	2.10[①]
DIBP	—	—	—	—	—	—			
DNOP	—	—	—	—	—	—			
DEHP	100		133	77	160	502	50	1.54	

注："—"表示未获得相关数据

5.7.2　流域景观水体 PAEs 评估结果

不同水期各采样点水体中 PAEs 的生态风险评价结果如表 5-7 所示。不同水体 PAEs 平均浓度生态风险评价如表 5-8 所示。在汾河水体中，DBP 在枯、丰水期 RQ＞1 的采样点个数均为 29 个，占总采样点数的 100%，DBP 在大部分采样点存在一定的潜在生态风险；DEHP 在丰水期和枯水期 RQ＞1 的采样点个数分别为

① 数据来源：杨建丽.长江河口局部有机污染物分布及生态风险评价[D].北京：北京化工大学，2009.

23 个、26 个，约占总数的 90%。DEHP 在大多数采样点存在一定的潜在生态风险；DMP 和 DEP 在不同水期所有采样点 RQ 均小于 1，DMP 和 DEP 的生态风险在可接受范围。由表 5-8 可知，汾河水体丰水期 DMP、DEP、DBP 和 DEHP 的 RQ 依次为 0.34、1.23、10.03 和 13.35，它们的生态风险大小排序为 DEHP＞DBP＞DEP＞DMP。枯水期 DMP、DEP、DBP 和 DEHP 的 RQ 依次为 0.005、0.008、24.783 和 7.880，它们的生态风险大小排序为 DBP＞DEHP＞DEP＞DMP。

表 5-7　不同时期水体中 4 种 PAEs 生态风险评价

污染物名称	RQ			
	＞1	＜1	＞1	＜1
	丰水期		枯水期	
DMP	—	29		29
DEP	—	29		29
DBP	29	—	29	—
DEHP	23	6	26	3

表 5-8　水体中 PAEs 生态风险评价

名称	PNEC/（μg/L）	丰水期		枯水期	
		EEC/（μg/L）	RQ	EEC/（μg/L）	RQ
DMP	96.0	0.34	0.004	0.50	0.005
DEP	96.0	1.23	0.013	0.79	0.008
DBP	0.500	10.03	20.062	12.39	24.78
DEHP	1.54	13.35	0.381	12.14	7.88

5.7.3　沉积物 PAEs 评估结果

沉积物是污染物的源和汇，但目前尚未建立起统一的评价标准，有关沉积物中 PAEs 的环境风险评价研究较少。Wezel 等通过大量的体内和体外毒理实验，建议 DEHP 和 DNBP 的 ERL 值分别为 1 000 ng/g 和 700 ng/g。当 PAEs 污染物浓度＜ERL 时，认为不存在 PAEs 的内分泌干扰和生态毒性风险。本研究中未检测 DNBP 的含量，仅与 DEHP 的质量标准值（ERL）对比分析，比较结果如表 5-9 所示。表中显示，汾河流域丰水期和枯水期分别有 4 个和 2 个站点的相对污染系数

（RCF）结果＞1，沉积相均值（RCF）均＜1，即 DEHP 化合物的含量未超过风险评价的低值（ERL），对生物的潜在危害较小。

表 5-9　沉积物 PAEs 质量基准评价　　　　　　　　　　　　　　单位：ng/g

	DEHP			ERL	RCF=PAEs/ERL＞1 的站点个数
	最小值	最大值	均值		
丰水期	ND	2 129	661	1 000	4
枯水期	ND	1 322	527	1 000	2

注：ND 表示"未检出"。

6　汾河流域景观水体类型中地表水及沉积物中 16 种多环芳烃污染水平及特征

　　持久性有毒污染物（Persistent Toxic Substances，PTS）是一类毒性很强，难降解，可长距离输送，并随食物链在动物和人体中累积、放大，具有内分泌干扰特性的污染物。其中，多环芳烃（PAHs）是广泛存在于环境中的典型高毒性 PTS，它们中的 16 种被认为具有较高毒性、致突变性及致癌性，因而被美国国家环境保护局列为优先控制污染物，PAHs 主要通过干湿沉降、地表径流进入河流水体。环境中 PAHs 一般源于化石燃料和生物质等有机化合物的不完全燃烧和有机高分子化合物的化学合成，以及石油等产物开采、运输和加工过程中的泄漏及自然途径等。饮用水水源地水中 PAHs 的含量直接关系到人的身体健康，而沉积物是 PAHs 的汇和潜在污染源。因此，研究水、沉积物中多环芳烃的浓度水平、风险及来源对评价区域环境污染具有重要意义。

　　关于自然水体中 PAHs 的分布、组成和污染来源研究成为世界范围内的研究热点，国内外已开展了大量的研究工作，主要包括 PAHs 的污染特征、迁移转化、来源分析等方面。

　　由于山西是产煤大省，在采煤以及加工过程中产生的多环芳烃各种衍生物通过大气沉降、径流等途径进入水体，最终进入沉积物，使多环芳烃成为汾河上中游流域的典型污染物。多环芳烃因其在流域环境中分布广、积累程度高、对人类健康威胁大，被列为水体污染物的黑名单，且位于前列。多数多环芳烃污染物水溶性较差，脂溶性强，有致癌性。水生生态系统是 PAHs 污染的主要的汇之一。水环境中的多环芳烃因其低溶解性和疏水性往往在水体中含量很低，但其易与悬浮物结合而沉降于水底，因此沉积物是多环芳烃主要的环境归宿。沉积物中的多环芳烃还可通过再悬浮成为多环芳烃的源，从而造成"二次污染"。汾河流域是山西省工业集中、农业发达的地区，在山西省的经济发展中具有举足轻重的作用，同时沿途人口稠密，厂矿众多，是山西省主要的粮棉产地。长期以来，在汾河流域的开发建设中，由于忽略了经济建设与环境协调发展的关系，致使汾河水体受到污染，植被的破坏、水土流失的加剧、土地退化等，这些因素已严重影响到流域生态系统的健康和流域经济的健康发展。目前对水源地 PAHs 污染的研究还不多，而关于汾河流域有机污染的研究仅见少量报道且主要为局部区域的研究而未涉及全流域的考察。因此，本章通过分析汾河上中游水、表层沉积物 PAHs 的浓度、组成和分布特征，并对其进行风险评价，探讨 PAHs 的输入途径与来源，以期对汾河流域持久性有机污染物的综合整治提供理论基础和科学依据。

16 种优控 PAHs 检测结果如下，其中 2 环包括萘（Nap），3 环包括苊烯（Acy）、苊（Ace）、芴（Flu）、菲（Phe）、蒽（Ant），4 环包括荧蒽（Flt）、芘（Pyr）、苯并 [a] 蒽（BaA）、䓛（Chr），5 环包括苯并（b）荧蒽（BbF）、苯并（k）荧蒽（BkF）、苯并 [a] 芘（BaP）、二苯并 [a,h] 蒽（DBA），6 环包括茚并 [1,2,3-cd] 芘（Inp）、苯并 [g,h,i] 苝（Bgp）。

16 种 PAHs 在汾河流域丰水期水相中的浓度为 0.53～16.00 mg/L，沉积相浓度为 1.28～8.44 mg/g；枯水期水相中的浓度为 0.59～12.92 mg/L，沉积物中 1.03～7.04 mg/g。与国内外其他地区河流相比，研究区水体 PAHs 含量处于中等偏上污染水平，沉积物中 PAHs 含量达到中等偏上污染水平。汾河流域中游水体 PAHs 浓度较高，位于汾河流域中游太榆退水渠和祥云桥西暗渠退水渠，承载了周边企业的工业废水和居民生活污水；沉积物中 PAHs 沿河分布并不均匀，主要集中在流域中游或下游地区，越接近工业园区、人口稠密区及商业集中区，PAHs 含量越高。汾河流域不同时期水相和沉积物中 PAHs 含量均以 3 环>2 环>4 环>5 环>6 环的顺序递减，其中，水相 2 环和 3 环 PAHs 占其总量的 31.7%～64.8%，沉积相中 2 环和 3 环 PAHs 占其总量的 25%～50%。因此汾河流域 PAHs 均以低环（2～3 环）为主。汾河流域水体中 PAHs 以石油源为主，此外还有少量燃烧来源，初步断定汾河水体中 PAHs 主要源于流域煤化工、燃煤电厂排放的污染物；而沉积物中 PAHs 以高温燃烧源为主。

6.1　景观水体类型水相中 PAHs 的含量、空间分布及组成特征

6.1.1　水相中 PAHs 的含量

汾河流域水相中 PAHs 浓度如表 6-1 所示。由表可知，16 种 PAHs 在不同采样时间不同断面均有不同程度的检出。丰水期 PAHs 总量变化范围为 0.53～16 μg/L，平均浓度为 2.738 μg/L，其中苯并［a］芘（BaP）的浓度范围为 ND～0.022 μg/L。枯水期 PAHs 总量变化范围为 0.588～12.916 μg/L，均值为 2.762 μg/L，BaP 的浓度为 ND～0.017 μg/L。丰水期 PAHs 的污染浓度与枯水期相近。虽然丰水期可汇入大量的外源物质，如大气颗粒物的沉降和地表径流带来的表层土壤冲刷，而不少颗粒物中吸附有大量的 PAHs；但是，PAHs 很容易被悬浮颗粒物吸附而沉降至底泥中，从而降低了丰水期水相中 PAHs 的浓度。因此，丰水期 PAHs 总量与枯水期相当，在本研究中，PAHs 含量没有明显的季节变化特征。此外，依据地表水环境质量标准对 BaP≤2.8 ng/L 规定的标准限值，丰水期 T2、T4 站点超标，其他站点未检出；枯水期 S16 站点超标，其他站点未检出，说明汾河流域仅个别站点受到 PAHs 的污染。

表 6-1　丰水期和枯水期水相中 PAHs 浓度　　　　　单位：μg/L

PAHs	丰水期			枯水期		
	最小值	最大值	均值	最小值	最大值	均值
Nap	0.135	5.583	0.869	0.251	4.464	0.881
Acy	ND	2.574	0.269	ND	0.260	0.065
Ace	0.060	3.283	0.695	0.036	3.886	0.446
Flu	0.106	2.473	0.529	0.049	1.784	0.422
Phe	0.010	1.885	0.351	0.085	4.244	0.534
Ant	ND	0.192	0.020	ND	0.481	0.050

PAHs	丰水期			枯水期		
	最小值	最大值	均值	最小值	最大值	均值
Flt	ND	0.060	0.027	ND	0.789	0.120
Pyr	0.012	0.061	0.025	ND	1.379	0.241
BaA	ND	0.231	0.033	ND	0.161	0.038
Chr	ND	0.419	0.036	ND	0.537	0.080
BbF	ND	0.305	0.051	ND	0.109	0.039
BkF	ND	0.386	0.083	ND	0.006	0.004
BaP	ND	0.022	0.021	ND	0.017	0.017
Ipy	ND	0.048	0.030	ND	0.008	0.004
DBA	ND	ND	ND	ND	ND	ND
BPE	ND	0.004	0.003	ND	ND	ND
∑PAHs	0.530	16.002	2.738	0.588	12.916	2.762

注：ND 表示"未检出"。

　　汾河上中游流域丰水期和枯水期水体中 PAHs 的分析结果如表 6-2 所示。丰水期水体中 PAHs 总量变化范围为 0.123～0.813 μg/L，平均含量为 0.365 μg/L；检出的 PAHs 主要是 2～4 环，占 PAHs 总量的 91.5%，5～6 环的 PAHs 仅占 8.5%。枯水期 PAHs 总量的变化范围为 0.227～1.330 μg/L，平均含量为 0.835 μg/L；枯水期水体中检出的 PAHs 也主要是 2～4 环，占 PAHs 总量的 96.6%，5～6 环的 PAHs 仅占 3.4%。两个时期的水体中 PAHs 主要是 2～4 环，这是因为 PAHs 化合物是疏水性化合物，苯环数越少，越容易存在于水中，且随着苯环的增加，疏水性增强。蓝家程等对重庆南山老龙洞地下河的研究中也得出一致的结论。

　　从图 6-1 中可以看出，各采样点位水体中枯水期 PAHs 的含量均比丰水期显著增加，这是因为汾河丰水期的水量比枯水期大，水体的稀释作用导致 PAHs 含量较低，郎印海等对黄河口水中 PAHs 的研究也表明黄河入海口枯水期水中 PAHs 含量高于丰水期含量；且丰水期、枯水期寨上到南关段（除丰水期温南社和义棠）水体中 PAHs 含量比雷鸣寺到汾河水库段显著增加，这可能与沿线工业企业废水以及生活污水、农业废水等排入有关，温南社和义棠例外可能与潇河、文峪河汇入有关。

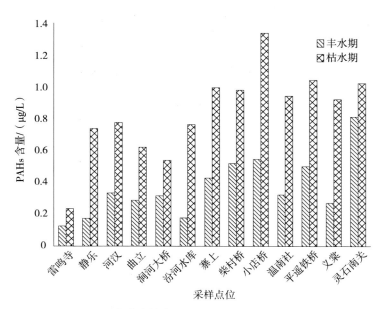

图 6-1 汾河上中游流域丰水期和枯水期水体 PAHs 含量比较

表 6-2 汾河上中游流域水体 PAHs 浓度

单位：μg/L

采样点位	∑PAHs		-2 环		-3 环		-4 环		-5 环		-6 环	
	丰水期	枯水期	丰水期	枯水期	丰水期	枯水期	丰水期	枯水期	丰水期	枯水期	丰水期	枯水期
雷鸣寺	0.123	0.227	0.041	0.010	0.066	0.096	0.011	0.104	0.004	0.012	0	0.006
静乐	0.169	0.733	0.054	0.026	0.082	0.273	0.025	0.417	0.008	0.011	0	0.005
河汊	0.324	0.770	0.031	0.074	0.240	0.533	0.041	0.154	0.012	0.010	0	0
曲立	0.278	0.614	0.039	0.105	0.208	0.395	0.023	0.111	0.009	0.003	0	0
涧河大桥	0.312	0.530	0.030	0.164	0.215	0.198	0.059	0.162	0.009	0.006	0	0
汾河水库	0.169	0.757	0.041	0.015	0.086	0.575	0.025	0.149	0.012	0.010	0.006	0.008
寨上	0.421	0.990	0.084	0.149	0.106	0.637	0.220	0.195	0.011	0.009	0	0
柴村桥	0.512	0.978	0.043	0.642	0.319	0.192	0.139	0.098	0.011	0.019	0	0.027
小店桥	0.541	1.33	0.026	0.174	0.224	0.978	0.033	0.137	0.175	0.018	0.083	0.021
温南社	0.323	0.943	0.031	0.041	0.235	0.697	0.037	0.159	0.015	0.023	0.005	0.023
平遥铁桥	0.499	1.04	0.026	0.652	0.397	0.228	0.054	0.047	0.015	0.101	0.007	0.017
义棠	0.266	0.917	0.049	0.024	0.162	0.276	0.041	0.593	0.014	0.014	0	0.009
灵石南关	0.813	1.02	0.063	0.104	0.716	0.778	0.028	0.127	0.007	0.004	0	0.009

6.1.2 景观水体水相中 PAHs 的空间分布

由图 6-2 可知，汾河流域各断面的 PAHs 浓度差异较大，其中 T5 采样点的 PAHs 浓度在丰水期为最高值，浓度为 16.0 μg/L；T3 采样点在枯水期为最高值，浓度为 12.9 μg/L。T5 和 T3 点分别位于汾河流域中游太榆退水渠和祥云桥西暗渠退水渠，承载了周边企业的工业废水和居民生活污水。研究表明，PAHs 主要源于有机物的不完全燃烧，人类的生产活动（如化石产品的燃烧、各种固体废物的焚烧，炼焦、做饭等）都产生大量的 PAHs，其中工业发达区由于消耗大量化石燃料，其 PAHs 的排放量明显高于人类生活区。如太榆退水渠和祥云桥西暗渠退水渠主要接受太原钢铁集团排水、太原市河东及河西生活污水。太钢集团的焦化、钢铁、机械制造、化工等企业生产活动中，大气沉降、地表径流及工业废水排放是水体中 PAHs 污染较为严重的原因。

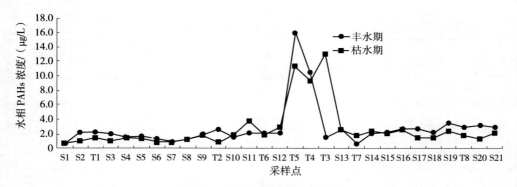

图 6-2 水相中 PAHs 空间分布

6.1.3 水相中 PAHs 的组成特征

由于枯水期汾河二库封库，未采集 S7、S8 站点样品。丰水期汾河流域水相中 16 种 PAHs 以 Nap、Ace、Flu 和 Phe 为主，浓度分别为 0.869 μg/L、0.695 μg/L、0.529 μg/L 和 0.351 μg/L；枯水期流域 6 环 PAHs 未检出，代表性 PAHs 为 Nap、Ace、Flu 和 Phe，含量分别为 0.881 μg/L、0.446 μg/L、0.422 μg/L 和 0.534 μg/L。NAP、ANA、FLU 和 PHE 为不同采样时间典型代表性 PAHs，为汾河流域水相 PAHs 的优势种类。按环数区分（图 6-3），丰水期 PAHs 含量以 3 环>2 环>4 环>

5 环＞6 环的顺序递减，2 环和 3 环 PAHs 所占比例分别为 31.7% 和 64.8%，高环含量较低，这与 PAHs 的水溶性有关。枯水期 PAHs 与丰水期相似，其中 2 环和 3 环 PAHs 占到 PAHs 总量的 33.5%～56.9%。因此尽管采样时间不同，汾河流域水相中的 PAHs 均以低环（2～3 环）为主。

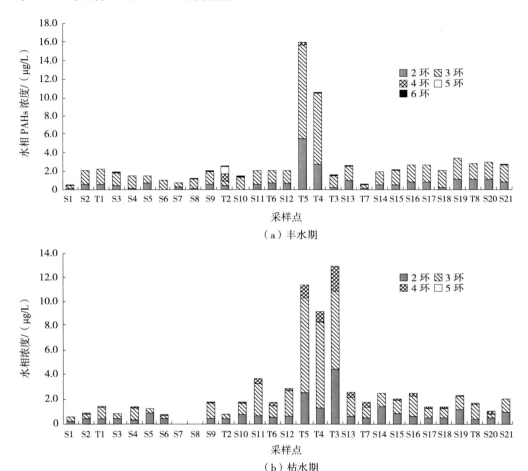

（a）丰水期

（b）枯水期

图 6-3　水相中 PAHs 的组成分布

6.1.4　水体中 PAHs 浓度与国内外河流比较

将研究区水相中 PAHs 浓度同国内外已有研究报道的河流、湖泊水体进行比较（表 6-3），结果表明，汾河流域水相中 PAHs 污染浓度高于韩国 Kyenoggi 湾、美国 Chesapeake 湾、墨西哥 Todos santos 湾、台湾 Gao-ping 河、珠江三角洲河口、长江口、钱塘江、天津河、厦门海、渭河等水体 1～2 个数量级，低于美国 Casco 湾、加拿大 Kitima 港、大辽河口、九龙河口等地水相中 PAHs 含量。因此，相对于上述地区，汾河流域水体中多环芳烃的含量属于中等偏上污染水平。

表 6-3　汾河流域水相中 PAHs 污染浓度与其他地区的比较

位置	种类	浓度范围 / （ng/L）	平均值 / （ng/L）
韩国 Kyenoggi 湾	24	9.10～1 400	120
美国 Chesapeake 湾	8	0.56～180	52
美国 Casco 湾	23	16～20 748	2 900
加拿大 Kitimat 港	25	310～528 000	66 700
墨西哥 Todos santos 湾	33	7.60～813	96
台湾 Gao-ping 河	16	10～9 400	430
大辽河口	18	946.10～13 448.5	6 471.1
九龙河口	16	6 960～26 900	17 000
珠江三角洲河口	16	247～480	367
长江口	14	263～6 372	145.9
黄河中下游	15	179～2 182	—
厦门	16	247～480	367
钱塘江	15	70～1 844	283
天津河	16	45.80～1 272	174
渭河流域	3	200～2 340	920
汾河流域 *	15	530～3 451	1 978
汾河流域 *	14	588～3 669	1 718

注：* 不包括汾河太原段退水渠中的 PAEs 浓度。

6.2　景观水体类型沉积物中 PAHs 的含量、空间分布及组成特征

6.2.1　沉积物中 PAHs 的含量

枯水期和丰水期，汾河流域上中游区域沉积物中 16 种 PAHs 浓度如表 6-4 所

示。丰水期沉积物样品 PAHs 浓度范围为 0.035~0.796 mg/g，丰水期为 0.001~
0.878 mg/g，对比两个采样时间，PAHs 总浓度并无显著性差异（$p > 0.05$）。这是由
于丰水期大量 PAHs 通过城市地表径流、土壤淋溶及雨水洗刷作用（湿沉降作用）
进入水环境，进而被悬浮物颗粒吸附沉降至底泥中；同时丰水期气温高、雨量充
沛，地表径流量大不仅使水体 PAHs 得到稀释，也使底泥扰动释放较多的 PAHs 到
水环境中。另外，枯水期采样时，流域径流量远低于丰水期流量，大气湿沉降作用
显著减弱，城市污水排放可能是影响沉积物 PAHs 含量的主要因素。

表 6-4　丰水期和枯水期沉积物中 PAHs 浓度范围和均值　　　　　单位：mg/g

PAHs	丰水期			枯水期		
	最小值	最大值	均值	最小值	最大值	均值
Nap	ND	2.074	0.796	0.067	2.020	0.878
Acy	ND	0.404	0.081	0.008	0.156	0.050
Ace	0.114	1.511	0.535	0.122	1.020	0.429
Flu	0.051	1.162	0.513	ND	1.234	0.489
Phe	0.133	0.863	0.504	0.119	1.558	0.553
Ant	ND	0.145	0.058	ND	0.528	0.119
Flt	0.002	1.055	0.341	0.009	1.173	0.299
Pyr	ND	1.407	0.329	0.033	0.839	0.253
BaA	ND	0.444	0.107	0.019	0.533	0.156
Chr	0.011	0.835	0.184	0.018	0.524	0.149
BbF	ND	0.426	0.152	ND	0.256	0.067
BkF	ND	0.519	0.139	ND	0.065	0.002
BaP	ND	0.224	0.087	ND	0.125	0.028
Ipy	ND	0.138	0.058	ND	0.034	0.003
DBA	ND	0.117	0.035	ND	0.027	0.002
BPE	ND	0.112	0.061	ND	0.016	0.001
∑PAHs	1.285	8.442	3.774	1.025	7.041	3.479

注：ND 表示"未检出"。

表 6-5　汾河上中游流域沉积物 PAHs 浓度　　　　　　　　单位：μg/kg

采样点位	∑PAHs		-2 环		-3 环		-4 环		-5 环		-6 环	
	丰水期	枯水期	丰水期	枯水期	丰水期	枯水期	丰水期	枯水期	丰水期	枯水期	丰水期	枯水期
雷鸣寺	185	243	0.680	18.8	29.4	92.6	96.7	71.6	46.2	50.5	12.1	9.49
静乐	627	1 071	24.0	139	188	768	151	79.5	172	84.9	92.0	0.00
河汊	922	817	72.0	85.0	256	269	257	193	211	158	126	112
曲立	686	1 110	69.0	728	194	257	163	47.2	155	77.5	105	0.00
涧河大桥	488	404	39.0	25.1	151	154	120	128	117	72.5	61.0	24.4
汾河水库	282	191	33.0	17.2	93.0	130	52.0	32.6	80.0	8.78	24.0	2.51
寨上	2 877	5 400	39.0	184	733	1 035	901	2 430	656	1 752	549	0.00
柴村桥	4 182	5 666	161	55.0	775	1 139	1 515	2 262	1 230	1 498	502	712
小店桥	2 565	8 051	148	737	725	1 531	985	3 096	557	2 687	150	0.0
温南社	944	1 343	64.0	74.0	292	362	291	493	222	279	75.0	135
平遥铁桥	1 474	1 677	100	117	388	464	535	580	337	403	114	113
义棠	1 164	1 243	65.0	158	410	446	384	301	224	210	81.0	127
灵石南关	2 377	4 069	137	2.7	689	696	728	1 980	556	1 010	267	381

从图 6-4 可以看出，雷鸣寺、平遥铁桥、义棠沉积物中枯水期 PAHs 含量比丰水期高，但差异不显著，河汊、涧河大桥、汾河水库沉积物中枯水期 PAHs 含量比丰水期低，但差异也不显著，只有静乐、曲立、寨上、柴村桥、小店桥和灵石南关沉积物中枯水期 PAHs 含量比丰水期显著提高，这可能是由于沉积物中 PAHs 长期积累使本底值较水中要高很多，枯水期水中 PAHs 的浓度虽比丰水期显著提高，由于采样仅间隔半年，枯水期沉积物中 PAHs 浓度与丰水期差异不显著，但个别点位可能由于点源污染物的即时排放等原因使枯水期沉积物中 PAHs 浓度比丰水期显著提高。

汾河丰水期和枯水期寨上到灵石南关段（除了温南社和义棠）沉积物中PAHs 含量比雷鸣寺到汾河水库段沉积物的含量显著增加，这可能是因为汾河下游水中 PAHs 的浓度要比上游高，丰水期水样中 PAHs 含量的检测也说明这一点，且汾河下游工业企业要比上游多，排入水体中的 PAHs 污染物也较多。丰水期和枯水期沉积物中 PAHs 含量均比水中 PAHs 含量高很多，说明沉积物是河流中 PAHs 的主要贮存库。

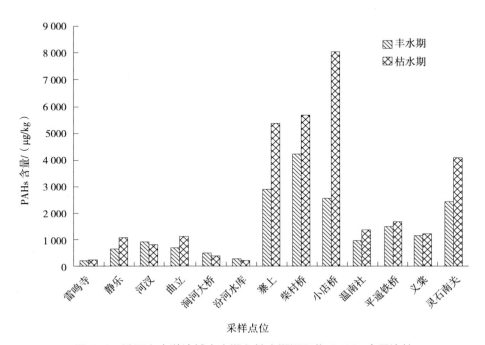

图 6-4　汾河上中游流域丰水期和枯水期沉积物 PAHs 含量比较

汾河上中游流域丰水期和枯水期沉积物中 PAHs 的分析结果如表 6-5 所示。丰水期 PAHs 总量变化范围为 185～4 182 μg/kg，平均含量为 1 444 μg/kg，检出的 2～4 环的 PAHs 占 PAHs 总量的 64.2%，5～6 环的 PAHs 占 PAHs 总量的 35.8%；枯水期 PAHs 总量的变化范围介于 191～8 051 μg/kg，平均含量为 2 407 μg/kg，检出的 2～4 环的 PAHs 占 PAHs 总量的 68.3%，5～6 环的 PAHs 占 PAHs 总量的 31.7%。丰水期和枯水期沉积物中的 PAHs 主要是 2～4 环的 PAHs，但是 5～6 环的 PAHs 所占比例比水中显著提高，这是因为 PAHs 随着苯环数增加，疏水性越强，$\lg K_{ow}$ 越高，沉积物对其显示出越强的吸附性。

6.2.2　沉积物中 PAHs 的空间分布

在采样过程中，有几处采样点水深较深，沉积物未采集到，数据空缺。沉积物中 PAHs 沿河分布并不均匀，主要集中在流域中下游地区，越接近工业园区、人口稠密区及商业集中区，PAHs 含量越高（图 6-5），这与人为源输入有关。丰水期时，汾河流域干流 S16 采样点 PAHs 浓度最高，在调查时发现此处聚集了一些化工企业，附近有污水排放口排放，造成了水体浑浊。此外，大气干湿沉降、雨水洗刷及工业废水排放可能是 PAHs 高含量的主要原因；枯水期支流 T3、T4、T5 退水渠 PAHs 含量为 4.7～7.1 mg/g，这些采样点主要接受工业、企业、生活污水的排放，人为活动加大了有机污染物的输入。

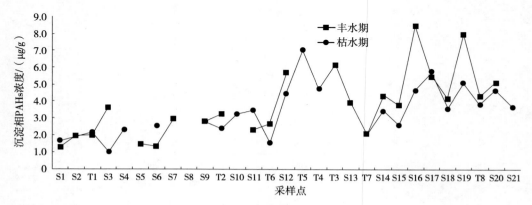

图 6-5　沉积相中 PAHs 的空间分布

6.2.3　沉积物中 PAHs 的组成特征

按 PAHs 的环数来区分（图 6-6），尽管采样时间不同，PAHs 均集中在低环（2～3 环），而高环（5～6 环）含量很少。沉积物 PAHs 的组成随着采样时间不同差异不显著（$p > 0.05$），丰水期和枯水期均为 3 环＞2 环＞4 环＞5 环＞6 环，其中 3 环含量约占总量的 50%，2 环含量约占总量的 25%。通常，低环 PAHs 主要源于石油类产品，化石燃料的不完全燃烧或天然成岩过程。上述结果表明，汾河流域 PAHs 主要来源为汽油燃烧生成物和化石燃料的不完全燃烧。此外，16 种 PAHs 化合物中，苯并［a］芘（BaP）的含量虽然不高，约占 PAHs 总量的 2.3%，但它具有强致癌性，并且研究表明，河流沉积物中 BaP 具有从沉积物转入水中的性质，因而河流沉积物中 BaP 会因经常受到冲刷而使地面水处于污染状态，从而对沿岸居民健康构成一定的威胁。

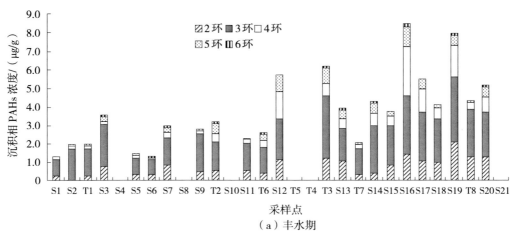

（a）丰水期

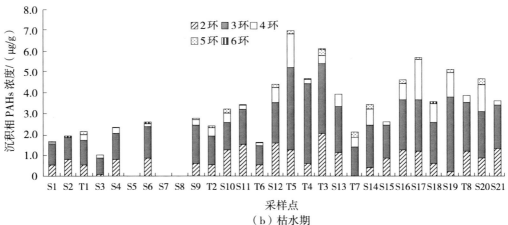

（b）枯水期

图 6-6　沉积相中 PAHs 的组成分布

6.2.4　汾河上中游流域丰水期和枯水期沉积相 – 水相中 PAHs 的分配

　　采集汾河上中游流域沉积相和水相样品，将不同点位的同一种多环芳烃计算总量，得出了汾河上中游流域丰水期和枯水期 16 种优控 PAHs 的分配系数均值 K_p 值。由表 6-6 可知，丰水期汾河上中游流域 PAHs 化合物沉积物 – 水相 K_p 值分布在 642～32 345 L/kg，枯水期汾河上中游流域 PAHs 化合物沉积相 – 水相 K_p 值分布在 671～44 929 L/kg，K_p 值较大，且基本上随着 PAHs 化合物环数的增加而增大，说明汾河上中游流域沉积物富集了流域环境中大多数 PAHs，且环数越大的更趋向于吸附在沉积物中，丰水期和枯水期沉积物中 5～6 环 PAHs 所占比例比水中提高了 27.3% 和 28.3%。Vilanova 等研究也认为高环的 PAHs 主要积累在沉积物中。

表 6-6　汾河上中游流域丰水期和枯水期 PAHs 有机碳吸附平衡常数与预测值比较

PAHs	丰水期					枯水期				
	$\lg K_{ow}$	K_p	$\lg K_{oc}^{obs}$	$\lg K_{oc}^{prec}$	$\lg K_{oc}^{obs}-$ $\lg K_{oc}^{prec}$	$\lg K_{ow}$	K_p	$\lg K_{oc}^{obs}$	$\lg K_{oc}^{prec}$	$\lg K_{oc}^{obs}-$ $\lg K_{oc}^{prec}$
Nap	3.37	1 710	5.23	2.99	2.25	3.37	1 074	4.75	2.99	1.77
Acy	4.07	642	4.81	3.68	1.13	4.07	1 534	4.91	3.68	1.23
Ace	3.92	957	4.98	3.53	1.45	3.92	861	4.66	3.53	1.13
Flu	4.18	1 753	5.24	3.79	1.46	4.18	671	4.55	3.79	0.760
Phe	4.46	1 847	5.27	4.06	1.20	4.46	1 891	5.00	4.06	0.933
Ant	4.54	4 430	5.65	4.14	1.50	4.54	2 836	5.17	4.14	1.03
Fla	5.22	7 783	5.89	4.82	1.07	5.22	6 998	5.57	4.82	0.750
Pyr	5.18	9 136	5.96	4.78	1.18	5.18	1 714	4.96	4.78	0.178
BaA	5.91	6 339	5.80	5.50	0.303	5.91	20 670	6.04	5.50	0.538
Chr	5.86	10 858	6.04	5.45	0.586	5.86	40 644	6.33	5.45	0.881
BbF	5.80	22 671	6.36	5.39	0.965	5.80	42 029	6.34	5.39	0.955
BkF	6.00	14 811	6.17	5.59	0.583	6.00	23 235	6.09	5.59	0.499
BaP	6.04	14 802	6.17	5.63	0.543	6.04	44 929	6.37	5.63	0.746
Ipy	7.00	9 441	5.98	6.58	-0.602	7.00	22 350	6.07	6.58	-0.506
DBA	6.75	32 345	6.51	6.33	0.180	6.75	12 599	5.82	6.33	-0.508
BPE	6.50	19 360	6.29	6.08	0.204	6.50	13 311	5.85	6.08	-0.237

多环芳烃在水相中的溶解情况受分配系数 K_{ow} 影响。大部分分配系数（K_{oc}）类似于正辛醇-水分配系数（K_{ow}）。本书采用常用的 Freundlich 吸附方程来预测汾河上中游流域沉积物-水 K_p 值。从表 6-6 可以看出，实测值和预测值有较大差异，除了丰水期 Ipy，枯水期 Ipy、DBA、BPE 外，其他 PAHs 化合物的有机碳吸附平衡常数均比预测值要高。许多研究也发现利用这种关系预测的 K_p 值与实测值有较大差距，主要是因为实际环境受到多种因素的影响，差于实验室结果；多环芳烃在大多数介质中比预测值偏大；且前八种 PAHs 比后 8 种 PAHs 有机碳吸附平衡常数均比预测值高的幅度明显，低环较高环 PAHs 更多地富集于沉积相中，这可能是沉积相中 PAHs 组成以低环为主的原因。

将丰水期和枯水期 K_p 值经有机碳归一化处理，所得 K_{oc} 值取常用对数与正辛醇-水分配系数 $\lg K_{ow}$ 作图，两者存在显著相关关系（图 6-7），由此得到线性自由能方程：

$$丰水期：\lg K_{oc}=0.412 \lg K_{ow}+3.59（R^2=0.764） \tag{6-1}$$

$$枯水期：\lg K_{oc}=0.511 \lg K_{ow}+2.82（R^2=0.764） \tag{6-2}$$

图 6-7 中虚线为 Seth 等在室内平衡状态下测得的 PAHs 颗粒物－水相间有机碳标准化分配系数的上下限范围（上限：$\lg K_{oc}=1.08 \lg K_{ow}-0.41$；下限：$\lg K_{oc}=0.99 \lg K_{ow}-0.81$）。由图 10-7 可以看出，丰水期汾河上中游流域 PAHs 的 $\lg K_{oc}$ 值大部分超过了预测值上限，少数分布在预测值范围之内，只有 Ipy 的实测值低于预测值；枯水期汾河上中游流域 PAHs 的 $\lg K_{oc}$ 值大部分超过了预测值上限，少数分布在预测值范围之内，只有 Ipy 和 DBA 的实测值低于预测值。许多研究样品中实测值 K_{oc} 均高于预测值，这主要是因为水相中较低浓度的 PAHs 受颗粒物中黑炭类等聚合态有机质的强烈吸附。本研究的线性自由能方程的斜率小于 1，说明相对于正辛醇来说，颗粒物亲脂性能较低，对 PAHs 化合物的亲和力较差，即丰水期和枯水期汾河上中游流域沉积相对 PAHs 的弱亲和力，其中枯水期线性自由能方程的斜率略高于丰水期线性自由能方程的斜率，可能是由于枯水期 PAHs 含量高，促进了颗粒物对水中 PAHs 的吸附。

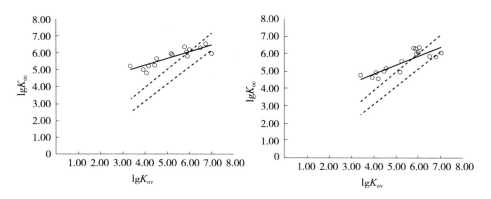

图 6-7　丰水期和枯水期 $\lg K_{oc}$ 与正辛醇－水分配系数 $\lg K_{ow}$ 之间的关系

（1）汾河上中游流域沉积相—水相中 PAHs 的分配系数 K_p 的影响因素

研究表明沉积相中有机质的组成、种类及粒径都会对沉积物中 PAHs 的环境行为和归宿产生影响。对于疏水性化合物（$0.5<\lg K_{ow}<7.5$），有机碳含量是吸附过程一个重要的决定因素，土壤中有机质对非极性化合物的吸附起主要作用。PAHs 在沉积相－水相的分布与分配主要由沉积相有机质类型、水相中总悬浮颗粒

物含量和水体盐度决定。TOC 为水相总有机物所含碳的总量，TOC 和 COD 具有较好的相关性。本研究以沉积相－水相中 PAHs 的分配系数为纵坐标，以沉积相中有机质和水相 COD 的比值为横坐标作图，发现两者之间存在显著的线性相关关系（图 6-8）。因此 PAHs 分配系数会受到沉积相中有机质含量和水相 COD 含量的影响。由此计算得到两者间的相关关系为：$K_p=1.110K_{od}+2\ 161$（丰水期）和 $K_p=0.845K_{od}+1\ 036$（枯水期）。

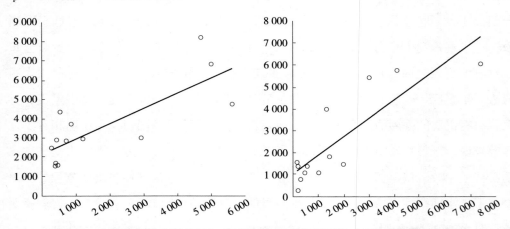

图 6-8　丰水期和枯水期 PAHs 分配系数 K_p 与有机质和 COD 的比值 K_{od} 关系

（2）汾河上中游流域沉积物多环芳烃分布及迁移转化方式

汾河上中游流域丰水期和枯水期水体中 PAHs 主要是 2～4 环，而 5～6 环 PAHs 占比很小，这主要是因为随着苯环数增加，PAHs 的疏水性越强，越容易被吸附于颗粒物中。枯水期水体中 PAHs 的浓度要显著高于丰水期，这是因为汾河丰水期的水量比枯水期大，水体的稀释作用可能导致 PAHs 含量较低。丰水期和枯水期寨上到灵石南关段（除丰水期温南社和义棠）水体中 PAHs 含量均比雷鸣寺到汾河水库段显著增高。

汾河上中游流域丰水期和枯水期沉积物中 PAHs 仍以 2～4 环为主，5～6 环所占比重比水中占比显著提高，这主要是因为随着苯环环数增加，PAHs 的疏水性越强，越容易被吸附于沉积物颗粒中；仅静乐、曲立、寨上、柴村桥、小店桥和灵石南关沉积物中枯水期 PAHs 含量比丰水期显著提高；且汾河寨上到灵石南关段沉积物 PAHs 含量整体比雷鸣寺到汾河水库段显著增加，说明汾河中游段 PAHs 污染较上游段严重，且沉积物是汾河上中游流域 PAHs 的主要贮存库。

丰水期汾河上中游流域 PAHs 化合物沉积相-水相 K_p 值分布在 642～32 345 L/kg，枯水期汾河上中游流域 PAHs 化合物沉积相-水相 K_p 值分布在 671～44 929 L/kg，K_p 值较大，且基本上随着 PAHs 化合物环数的增加而增大；丰水期和枯水期 PAHs 的有机碳吸附平衡常数几乎都高于预测值，大部分高于预测值上限，说明 PAHs 被颗粒物强烈地吸附；丰水期和枯水期的 PAHs 有机碳吸附平衡常数与正辛醇-水分配系数存在显著相关关系，线性自由能方程的斜率均小于 1，表明汾河上中游流域沉积物的亲脂性较低。

汾河上中游流域沉积相-水相 PAHs 的分配系数 K_p 受到沉积相有机质和水相 COD 的影响。K_p 值与有机质$_{沉积物}$/COD$_水$ 呈线性相关关系。

6.2.5 沉积物中 PAHs 含量与国内外河流比较

由表 6-7 可知，汾河流域沉积物中 PAHs 含量仅比国内的海河天津段和天津潮白河及韩国 Hyeongsan 河低 2 个数量级，与珠江污染水平相近，比其他河段 PAHs 含量高，综合来看，汾河流域沉积物中 PAHs 含量达到中等偏上污染水平。

表 6-7 汾河流域沉积相中 PAHs 污染浓度与其他地区的比较

位置	种类	浓度范围 /（ng/g）
韩国 Hyeongsan 河	16	5.3～768 000
New York Harbor	22	1 900～70 000
北格河	16	17.7～407.7
珠江三角洲	25	138～6 793
厦门湾	16	247～480
九龙河	16	99～1 117
黄河中下游	16	31～133
长江武汉段	16	72.4～3 995.2
北京通惠河	16	127～928
海河天津段	16	774.8～255 371
天津市潮白河等	16	787～1 943 000
滦河	16	6.7～1 585.7
汾河流域*	16	1 285～8 442
汾河流域*	16	1 025～5 689

注：* 不包括汾河太原段退水渠中的 PAHs 浓度。

6.3 流域景观水体类型中 PAHs 源分析

6.3.1 来源分析

PAHs 除自然成因外，主要来自化石燃料和木材等在使用过程中的泄漏、不完全燃烧产物的排放等。通常可用 2~3 环和 4 环以上环数的相对丰度来估测该区的多环芳烃的来源，4 环及其以上的具有高分子量的 PAHs 主要源于化石燃料高温燃烧，而低分子量（2~3 环）的则源于石油类污染。一般认为，油类污染的 PAHs 以烷基化多环芳烃为主，而不完全燃烧的 PAHs 则以母体多环芳烃为主。石油是低温下形成的，烷基化程度很高，特别是 C2 以上的烷基取代多环芳烃较多，因此石油化工企业排放的污水中，源于油类和石油类烷基取代的多环芳烃含量最高，而且母体多环芳烃多是低环数的多环芳烃；对源于不完全燃烧燃料的多环芳烃，由于在高温下形成，烷基取代的多环芳烃的支链被打断，所以一般烷基化程度不高，且母体多环芳烃以难以开环裂解的高环数多环芳烃为主。

石油类产品中常常含有组分菲（Phe），而组分蒽（Ant）由于稳定性较差，在石油形成过程中早已分解，因而含量很低。燃烧过程产生 PAHs，PHE 和 ANT 是同分异构体，产生 PHE 的同时也产生了 Ant，一般 Ant 的含量会较高。因此如果样品中 Ant/（Ant+Phe）<0.1，PAHs 主要源于石油类 PAHs 的污染；如果样品中 Ant/（Ant+Phe）>0.1 则是受燃烧源 PAHs 的污染。Flu/（Flu+Pyr）<0.4 说明是典型的石油源 PAHs 污染；Flu/（Flu+Pyr）>0.5 表明 PAHs 主要源于木柴、煤的不完全燃烧；Flu/（Flu+Pyr）为 0.4~0.5 则意味着由燃油排放的尾气造成。

图 6-9 列出了汾河流域枯水期和丰水期水样的 Flu/（Flu+Pyr）和 Ant/（Ant+Phe）的特征比值。由图可知，所有采样点 Flu/（Flu+Pyr）比值均大于 0.5，说明研究区 PAHs 主要源于植物、煤炭等不完全燃烧。工业生产中常需要消耗大量的燃煤和木材等，这些材料燃烧时产生 PAHs 及其他有毒有害物质进入空气中并吸附在大气悬浮颗粒物上，随大气降水落到水体或地表土壤中，土壤中的 PAHs 又会随雨水冲刷进入水体。Ant/（Ant+Phe）的范围在 0.02~0.17，石油源样点占 80%。

因此 PAHs 的组成特征表明汾河流域水体中 PAHs 以石油源为主，此外还有少量燃烧来源，初步断定汾河水体中 PAHs 主要源于流域煤化工、燃煤电厂排放的污染物。

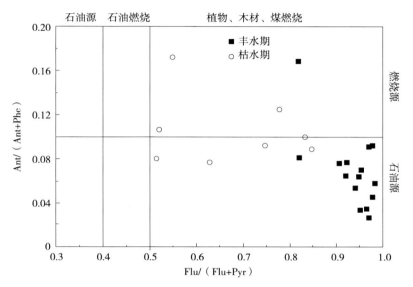

图 6-9　水体中 PAHs 的 Flu/（Flu+Pyr）和 Ant/（Ant+Phe）特征比值图

　　对不同采样时间采样点沉积相 PAHs 化合物进行分析，如图 6-10 所示，有 3 个采样点沉积相中的 Flu/（Flu+Pyr）比值小于 0.4，代表了石油来源，其他采样点沉积相的比值均大于 0.4，代表了木材、煤炭、石油等的不完全燃烧比值接近；Ant/（Ant+Phe）的比值范围在 0.02～0.62，其中 60% 的采样点 Ant/（Ant+Phe）的比值大于 0.1，代表了煤炭、木材等的不完全燃烧。此外，有少量采样点的 Ant/（Ant+Phe）值小于 0.1、Flu/（Flu+Pyr）值小于 0.4，表明有来自石油类产品的输入。这可能是由于流域周围存在着油库、加油站等设施，并且丰水期汾河水库附近有许多观光游船，这些游船大部分使用汽油或柴油作为燃料，因而来往船只的燃油泄漏可能造成石油类产品的来源。因此，PAHs 的组成特征表明汾河流域沉积物中 PAHs 以燃烧源为主。

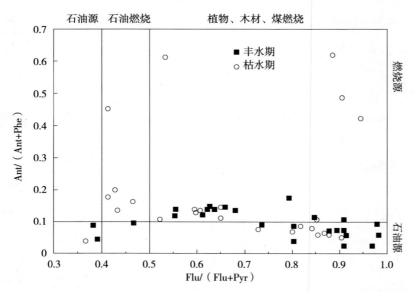

图 6-10　表层沉积物中 PAHs 的 Flu/（Flu+Pyr）和 Ant/（Ant+Phe）特征比值图

对比同一时期水体和沉积物的 Flu/（Flu+Pyr）和 Ant/（Ant+Phe）值，两者的特征比值并不完全一致。这是因为 PAHs 以吸附于颗粒物、溶解态或乳化态存在于水环境中，吸附态占优势并最终归于沉积物。而水底沉积物中 PAHs 不易受到阳光照射且深水中含氧量较低、很难发生光解，性质较稳定。此外，受 PAHs 自身性质影响，进入水中的 PAHs 大部分会被分配到非水相中，而且分子量越大的 PAHs 水溶解度越小，因此溶解于水中的 PAHs 以低环、低分子量为主，高环、高分子量的 PAHs 趋向于分布在颗粒物及沉积物中，从而导致水中与沉积物中的 PAHs 种类不同，反映不同的污染源，即水体中 PAHs 的源解析结果显示石油源的比例较大，而沉积物中 PAHs 以高温燃烧源为主。

6.3.2　流域景观水体 PAHs 风险评估

Nisbet 等于 1992 年由毒性实验得出各 PAHs 相对于 BaP 的毒性当量因子（Toxicity Equivalencefactor，TEF），并用来分析环境中 PAHs 的健康风险。目前，国内外许多学者采用这种方法来进行 PAHs 的健康风险评价。

BaP 的毒性当量（BaP equivalents，E_{BaP}）计算公式为

$$E_{BaP}=C_{BaA} \times 0.1+C_{BaP}+C_{BbF} \times 0.1+C_{BkF} \times 0.01+C_{IP} \times 0.1+C_{DA}+C_{Ch} \times 0.001 \qquad （6-3）$$

式中，E_{BaP} 为 7 种多环芳烃相对于 BaP 的毒性当量之和，ng/L；C 为各种单体多环芳烃在水中的浓度，ng/L。

　　本研究中丰水期 E_{BaP} 值在 0～127.8 ng/L，平均值为 59.9 ng/L（图 6-11），枯水期 E_{BaP} 值在 0～34.5 ng/L，平均值为 32.4 ng/L（图 6-12）。其中，丰水期和枯水期分别有 5 个和 7 个采样点超出 CEPA 制定的 E_{BaP}=2.8 ng/L 的国家标准，其他采样点 E_{BaP} 值均低于国家标准，但均值已高于此标准。这些分析都表明，汾河流域水中的 PAHs 已经具有不利健康的风险，随着工业和交通的不断发展，PAHs 污染日益严重，并会进一步影响生态环境，危害人类健康，因此，有必要加强对汾河饮用水水源 PAHs 的监测与研究。

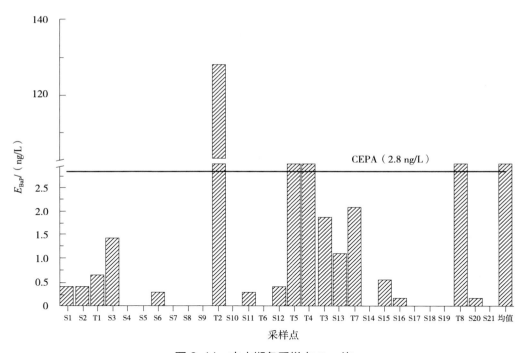

图 6-11　丰水期各采样点 E_{BaP} 值

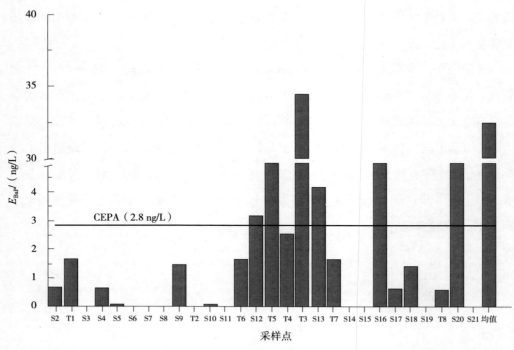

图 6-12　枯水期各采样点 E_{BaP} 值

6.3.3　沉积物 PAHs 评估结果

Long 等在研究有机污染物的环境影响时，提出了用于确定海洋和河口沉积物中有机物污染物潜在生态风险的效应区间低值（ERL：Effects Range Low，生物负效应概率＜10%），效应区间中值（ERM：Effects Range Median，生物负效应概率＞50%）。这两个指标用于指示相应级别的生态风险，若 PAHs 单组分质量分数小于 ERL 相应值，则其对生物体几乎不产生危害或危害极小；若 PAHs 单组分质量分数在 ERL 和 ERM 相应值之间，则其只对生物体产生一定程度的危害；若 PAHs 单组分质量分数大于 ERM 相应值，则其对生物体产生危害的可能性极大。

本研究将汾河表层沉积物 16 种多环芳烃与相应的沉积物生态风险标志水平进行比较，结果如表 6-8 所示。从表中可以看出，对于提出的 12 种 PAHs 的 ERL 值或 ERM 值，在丰水期和枯水期均存在采样点表层沉积物含量高于 ERL 值或 ERM 值的现象。这表明汾河流域沉积物对生物产生危害的可能性极大。此外，对于 BbF 和 BkF 这两类没有最低安全值的 PAHs 化合物来说，只要在环境中存在就会对生物产生不利影响。而这两类化合物在汾河流域上、中、下游均有样点检出，表明存在较大的生态风险。

表6-8 汾河流域表层沉积物16种PAHs生态风险评价

化合物	ERL/（ng/g）	ERM/（ng/g）	丰水期沉积物PAHs含量/（ng/g）	丰水期超标点个数	枯水期沉积物PAHs含量/（ng/g）	枯水期超标点个数
Nap	160	2 100	ND～2 074	22	67～2 020	25
Acy	16	500	ND～404	12	7.5～156	22
Ace	44	640	114～1 511	23	122～1 020	23
Flu	19	540	51～1 162	23	ND～1 234	25
Phe	240	1 500	133～863	21	119～1 558	24
Ant	85.3	1 100	ND～145	3	ND～528	12
Flt	600	5 100	2～1 055	5	9.3～1 172	4
Pyr	665	2 600	ND～1 407	4	33～839	3
BaA	261	1 600	ND～444	2	18～533	5
Chr	384	2 800	11～835	2	18～523	3
BbF	—	NA	ND～426	—	ND～256	—
BkF	—	NA	ND～519	—	ND～65	—
BaP	430	1 600	ND～224	0	ND～125	0
Ipy	—		ND～138		ND～34	
DBA	63.4	260	ND～117	2	ND～27	0
BPE	—	—	ND～112		ND～16	
PAHs	4 022	44 792	1 285～8 442	—	1 026～7 041	—

注：NA表示"无最低安全值"。

7 汾河流域景观水体类型水体中多氯联苯污染水平及特征

国际上公认的 7 种指示性 PCBs 单体在汾河流域水体中均有检出，丰水期水相中总量为 0.043～0.882 mg/L，沉积相总量为 4.44～79.42 ng/g；枯水期水相中总量为 0.042～0.629 mg/L，沉积相总量为 2.40～40.64 ng/g。沉积物中 PCBs 的含量比水样高 3 个数量级，证明这类物质在湖泊中主要存在于沉积物中。与国内外其他地区河流相比，汾河流域水体和沉积物 PCBs 浓度属于中等污染水平。汾河流域不同时期水体和沉积相中 PCBs 含量相对较高的区域主要集中在中游地区的干流和支流，这些区域主要分布了大量的工业企业及工业园区，说明 PCBs 组分主要受当地排放的影响。根据景观水体和沉积物 PCBs 分布特征分析，其主要污染来源是人为污染，如钢铁、电厂、化工厂等污染。污染主要源于流域中游，如汾河流域太原段的化工、钢铁类工业比较多，其中的来源主要是化工和有机污废水排放；此外，位于小店区的太原国家高新技术产业开发区，由于工业废水排放、车辆、电器电容的拆卸等都给汾河流域注入了新的污染。枯水期下游临汾段 PCBs 含量较高，这是由于下游流域沿途分布的造纸厂、污水处理厂污水排放所造成的，同时枯水期水流量较小，稀释作用较弱，加剧了污染水平。而农业区等对污染的影响比较小，主要是由于其区域经济水平相对比较低，污染程度很低，所以其注入对汾河流域起到了稀释作用。

7.1 景观水体类型水相中 PCBs 的含量及分布特征

本研究中测定了汾河流域水体中的 7 种 PCBs。表 7-1 列出了汾河流域水中各种 PCBs 同族体的浓度。其浓度范围为 0.008～0.485 μg/L，在水中检出率最高的同族体是 PCB-28 和 PCB-52，其他的同族体的检出率低。汾河流域水体中丰水期和枯水期 PCBs 总量均值分别为 0.180 μg/L 和 0.133 μg/L。

表 7-1 丰水期和枯水期水相中 PCBs 浓度 　　　　　　　　　　　单位：μg/L

	丰水期			枯水期		
	最小值	最大值	均值	最小值	最大值	均值
PCB28	ND	0.122	0.031	0.008	0.107	0.030
PCB52	ND	0.485	0.058	0.008	0.297	0.045
PCB101	ND	0.072	0.028	ND	0.069	0.029
PCB118	ND	0.080	0.042	ND	0.041	0.024
PCB153	ND	0.222	0.086	ND	0.168	0.097
PCB138	ND	0.009	0.009	—	—	—
PCB180	ND	0.208	0.080	ND	0.103	0.045
∑PCBs	0.043	0.882	0.180	0.042	0.659	0.133

注：ND 表示"未检出"。

水中 PCBs 的同族体分布如图 7-1 所示，枯水期未检测到 PCB-138，因此枯水期 PCBs 分布只有 6 种物质。由图 7-1 可知，丰水期和枯水期同族体组分较为丰富的地区出现在 T3、T4、T5（分别为祥云桥西、东暗渠和太榆退水渠站点），这些区域主要分布了大量的工业企业及工业园区，说明水体中的 PCBs 组分主要受当地排放的影响，而在流域上游工业企业分布较少的地区 PCB-52、PCB-180 则是最主要的同族体。低氯代 PCBs 在环境中易降解，中高氯代的 PCBs 难挥发，由此可见，偏远地区水体中的 PCBs 主要受到外来源的影响。

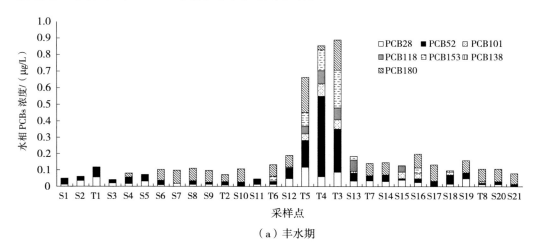

（a）丰水期

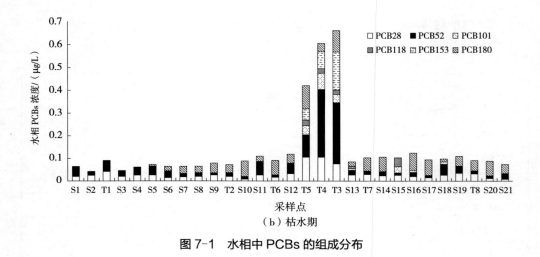

图7-1 水相中 PCBs 的组成分布

7.2 水体中 PCBs 浓度与国内外河流比较

目前，我国水体环境 PCBs 的污染研究主要集中在长江、黄河和珠江等流域内的河段、湖泊及河口等。虽然关注的 PCBs 单体有所不同，但检测出的 PCBs 浓度多在 1 000 ng/L 以下。

汾河流域多氯联苯含量的分析结果与国内其他研究区域结果的对比如表 7-2 所示。从表中可以看出，汾河流域水体的 PCBs 平均含量（84～109 ng/L）低于海河、渤海湾、大亚湾和九龙江口。因此，汾河流域水体 PCBs 浓度属于中等偏低污染水平。

表7-2 汾河流域水相中 PCBs 污染浓度与其他地区的比较

位置	浓度范围 / (ng/L)	平均值 / (ng/L)
海河	310～3 110	760
渤海湾	60～710	210
厦门港	0.08～1.69	—
莱州湾	4.50～27.70	5.40
大亚湾	91.10～1 355.30	314
桑沟湾	11.22～92.43	36.86
珠江入河海口	2.47～6.75	3.92
三峡水库	0.08～0.51	0.19

位置	浓度范围 / （ng/L）	平均值 / （ng/L）
长江口	23～95	58.80
黄河（内蒙古段）	0.64～2.25	1.51
九龙江口	0.36～1 500	355
汾河流域 *	43～198	109
汾河流域 *	42～123	84

注：* 不包括汾河太原段退水渠中的 PCBs 浓度。

7.3 沉积物中 PCBs 的含量及组成

由表 7-3 中数据可以计算出汾河流域丰水期沉积相中 PCBs 的总含量为 4.44～79.42 ng/g，平均含量为 24.94 ng/g；枯水期沉积相中 PCBs 的总含量为 2.40～40.64 ng/g，平均含量为 16.05 ng/g。与水样检测数据相比，沉积物中 PCBs 的含量比水样高 3 个数量级，更加印证了这类物质在湖泊中主要存在于沉积物中。但几种同族体的总含量及平均含量各有差异，7 种同族体的平均含量分别为：PCB28 为 3.35～5.12 ng/g，PCB52 为 2.47～5.55 ng/g，PCB101 为 0.85～1.68 ng/g，PCB118 为 1.17～2.00 ng/g，PCB153 为 0.74～1.35 ng/g，PCB138 为 0.58～1.01 ng/g，PCB180 为 9.56～14.19 ng/g。

表 7-3 丰水期和枯水期沉积物中 PCBs 浓度范围和均值　　　　单位：ng/g

	丰水期			枯水期		
	最小值	最大值	均值	最小值	最大值	均值
PCB28	ND	14.764	5.121	0.055	6.749	3.350
PCB52	ND	26.531	5.548	ND	14.257	2.469
PCB101	ND	8.064	1.678	ND	3.153	0.846
PCB118	ND	7.240	2.002	ND	6.485	1.166
PCB153	ND	2.272	1.352	ND	1.565	0.735
PCB138	ND	2.471	1.011	ND	1.154	0.577
PCB180	ND	27.012	14.193	ND	20.548	9.559
∑PCBs	4.440	79.426	24.941	2.395	40.642	16.051

注：ND 表示"未检出"。

图 7-2 为汾河流域各采样点 PCBs 总含量图，S10、T5、T4 采样点由于水深及地形原因未采集到沉积物。图中清楚地展示了汾河流域沉积物中 PCBs 的水平分布，其中小店桥、祥云桥西暗渠、温南社 PCBs 的含量相对较高，说明汾河流域中游沉积物 PCBs 的污染比较严重。

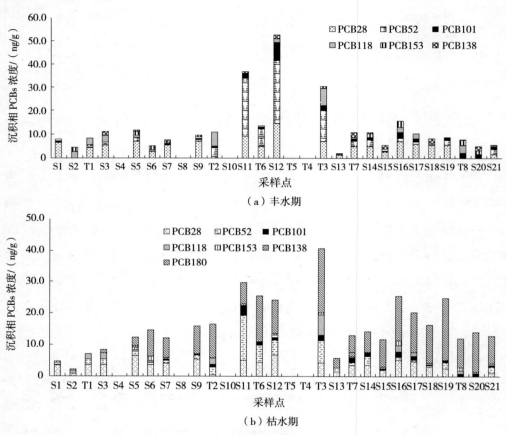

（a）丰水期

（b）枯水期

图 7-2　沉积相中 PCBs 的组成分布

7.4　沉积物中 PCBs 含量与国内外河流比较

为进一步了解汾河流域水系多氯联苯污染的状况，将其与国内外其他相似水体沉积物多氯联苯污染水平进行了比较，结果列于表 7-4。汾河流域沉积物多氯联苯比美国、意大利、日本、韩国的河流低 1～2 个数量级；与国内河流相比，仅低于武汉鸭儿湖、珠江三角洲和滴水湖，与长江口沉积物多氯联苯含量相当，因此，汾河流域沉积物含量达到中等污染水平。

表 7-4 汾河流域沉积相中 PCBs 污染浓度与其他地区的比较

位置	PCBs 种类	浓度范围 / （ng/g）
美国 Erie 湖	18	0.5～1 418.0
英国 Liverpool 湖	—	0.08～38
意大利 Orta 湖	18	2.57～317.06
日本 Osaka 湖	—	63～240
韩国 Busan 湖	22	5.7～199.0
北极湖泊	—	2.4～39
黄河中下游	—	ND～5.98
珠江三角洲	128	10.16～485.45
长江三角洲	23	0.92～9.69
长江口	14	18.66～87.31
鸭儿湖	7	7.10～5 970
南四湖	12	7.84～42.8
白洋淀	41	5.96～29.61
太湖	56	1.35～13.8
滴水湖	7	ND～228.62
汾河流域*	7	4.44～79.43
汾河流域*	7	2.39～29.83

注：* 不包括汾河太原段退水渠中的 PCBs 浓度。
　　ND 表示"未检出"。

7.5 汾河流域 PCBs 源分析

根据水体和沉积物 PCBs 分布特征分析，主要污染来源是人为污染，如钢铁、电厂、化工厂等污染。自 PCBs 禁止使用以来，在汾河流域仍有 PCBs 的使用和泄漏。通过相关文献了解，发现在水体中的检测情况远远低于底泥沉积物中，在 PCBs 的各同系物、同分异构体的种类上，表层沉积物所含的种类也远远大于水体中。

在沉积物中，污染物浓度因采样点位置的不同而变化比较大，但污染物种类与其相对含量不会有较大变化。从数据分析来看，污染主要源于流域中游，如汾河流域太原段的化工、钢铁类工业比较多，其中的来源主要是化工和有机污废水排放；此外，位于小店区的太原国家高新技术产业开发区，由于工业废水排放、车辆、电器电容的拆卸等都给汾河流域注入了新的污染。枯水期下游临汾段 PCBs 含量较高，这是由于下游流域沿途分布的造纸厂、污水处理厂污水排放所造成的，同时枯水期水流量较小，稀释作用较弱，加剧了污染水平。而农业区等对污染的影响比较小，主要是由于其区域经济水平相对比较低，污染程度很低，所以其注入对汾河流域起到了稀释作用。

7.6　汾河水体景观中 PCBs 风险评估

7.6.1　景观水体 PCBs 评估结果

《地表水环境质量标准》（GB 3838—2002）中的集中式生活饮用水地表水源地特定项目标准限值中有关于 PCBs 的限制标准，但其中的 PCBs 是指 PCB-1016、PCB-1221、PCB-1232、PCB-1242、PCB-1248、PCB-1254、PCB-1260，而不是指 PCBs 同族体，因此无法根据 GB 3838—2002 判定汾河水体中 PCBs 是否超标。日本法规中规定环境水质量标准为 0，汾河流域水体中 PCBs 含量为 $0.13\sim0.18$ μg/L，即 $1.3\times10^{-4}\sim1.8\times10^{-4}$ mg/L，如采用日本法规，可以判定汾河流域水体中 PCBs 超标。并且根据诱导型分类，水样中检测出的浓度相对偏高的 PCB-153 属于 PB 诱导型，PCB-52 属于弱 PB 诱导型，PCB-28 属于可疑巴比妥型。

7.6.2　沉积物 PCBs 评估结果

我国目前对沉积物的质量标准中未涉及 PCBs 指标，但国外对沉积物的环境风险做了大量研究，也已颁布了一些沉积物的风险质量标准，它们都是以生物有效性或生物积累为基础的。Di Toro 等在 1991 年使用平衡分配法对非离子性有机化合物的沉积物质量标准进行研究，但方法烦琐，涉及分配系数、有机碳、孔隙水和水体，没有大量的工作很难得到结论。Long 等根据北美海岸和河口沉积物的大量数据，于 1995 年提出海洋和河口湾底泥中污染物的风险评价值，确定了风险评价的低值（ERL）和风险评价中值（ERM），该方法收集了不同地区、不同条件的海洋沉积物样品，结合生物实验和野外观察结果，得出的标准简明易懂。此研究结果已被美国 EPA 采用，作为美国的国家标准。在这个标准中，沉积物 PCBs 总量的 ERL 值为 22.7 ng/g，ERM 值为 180 ng/g。事实上，PCBs 在沉积物中的毒性效应确实难界定，它既涉及野外和实验室的环境差异，也涉及不同生物对多氯联苯的毒性灵敏度，而且与有机质的含量也有直接的关系。MacDonald DD 等通过对不同评估方法的比较，以一致性为基础，将 PCBs 的毒性含量分为 3 个界线，即临界效应含量（TEC）、中等效应含量（MEC）和极端效应含量（EEC）。如果含量<TEC，沉积物基本无毒性；在 TEC 与 MEC 之间，沉积物偶尔出现毒性；在 MEC 与 EEC 之间，毒性的风险大于 50%；如果含量>EEC，可以认为沉积物是有毒性的。对于淡水生态系统的沉积物而言，3 个界线的值分别为 35 ng/g、340 ng/g 和 1 600 ng/g。

汾河流域丰水期沉积物中测定的 7 种 PCBs 总量为 4.44～79.43 ng/g，枯水期 7 种 PCBs 总量为 2.40～40.64 ng/g，考虑到 PCBs 在环境中的分布特征，这几种常见 PCBs 占整个 PCBs 同系物总量的 20%～50%，若把汾河底泥中 7 种 PCBs 浓度扩大 5 倍为 PCBs 总量，即丰水期沉积物中 PCBs 总量为 22.2～397.2 ng/g，枯水期 PCBs 总量为 12.0～203.2 ng/g，按照 Long 所研究的评价方法，丰水期和枯水期最低值低于 ERL 值，生物毒性效应概率<10%（两个采样期各有 1 个点，位于上游 S2 点），最高值高于 ERM 值（丰水期和枯水期分别有 4 个点和 1 个点，位于中游），生物毒性效应概率>50%。根据 MacDonald DD 等所总结的评价方法，最低值低于 TEC，沉积物基本无毒性，最高值多数介于 TEC 与 MEC 之间，沉积物偶尔出现毒性。

8 汾河流域城市景观格局空间分析关键技术实现

在城镇化进程逐渐加快的过程中，其导致的生态环境污染等问题的出现与城市景观格局演变具有非常密切的联系。对于流域及城市景观格局演变和其生态环境效应进行研究，是生态学科所关注的热点问题。

由流域中城市景观格局演变导致的水体环境效应和生态服务效应等研究工作多通过典型城市的基础研究为核心，研究手段多通过遥感影像解译和景观图的制作分析，对不同发展时期下的景观分类及格局进行总结分析，研究结果多基于统计方法实现对城市景观格局变化过程中存在的重要影响因子进行确认。随着人类社会不断发展，人类活动对自然生态景观及城市景观产生的干扰中既有时间特征也有空间特征，资源发展既受到空间的约束，同时也受社会经济因素的影响，包括社会经济发展过程中的人口以及土地政策和经济发展形势等。随着城镇化进一步加快以及社会经济水平的进一步发展，人类活动作用更加频繁，资源生态受到的侵扰更加严重，流域及城市景观演变也必然会越来越复杂，由此产生的生态效应和生态影响也会越来越突出。

景观格局动态研究基本以遥感数据为基础，基于遥感卫星影像实现大区域地物特征的识别和解译，如美国 landsat 卫星提供的 TM、ETM 可以实现地形、地貌及植被、土壤分类和土地利用分类的解译。美国 USGS Earth Explore 是美国地质调查局（USGS）下属遥感图像数据网站，有 Landsat、Sentinel 等常见遥感数据；如 LAADS（Level-1 and Atmosphere Archive & Distribution System）、DAAC（Distributed Active Archive Center），美国国家航空航天局（NASA）戈达德航天中心用来存放数据的一个网站接口，具有 MODIS、Envisat、Sentinel 等常见遥感数据，尤其是下载 MODIS 数据的主要来源；国内主要有中国科学院计算机网络信息中心下属数据平台的地理空间数据云，有包括 Landsat、MODIS、Sentinel 等常见遥感数据，也包括高分一号、高分四号等国产数据，也是我们获取遥感数据的重要平台。对于遥感数据的获取和处理，需要专门的软件平台，如 ERDAS

IMAGINE、美国 Exelis Visual Information Solutions 公司的旗舰产品 ENVI（The Environment for Visualizing Images），如地理空间信息领域世界级的专业公司加拿大 PCI 公司的旗帜产品 PCI Geomatica，该软件是地理空间信息领域世界级的产品，集成了遥感影像处理、专业雷达数据分析、GIS/ 空间分析、制图和桌面数字摄影测量系统，成为一个强大的生产工作平台；还有美国 Esri 公司的旗舰级产品 ArcGIS 系列实现了遥感数据空间全处理平台。对流域或城市景观分析的基础均是对这些遥感信息的处理和再处理、分析和再分析过程，对于原始遥感数据的校正、波段处理和数据解译不是本书的关注重点，感兴趣的人员可查阅相关具体文档进行信息提取。

目前，流域或城市景观格局空间分析关键技术实现方法有很多，为尽量避免知识版权的争议选择开源的 R 语言，基于 R 语言生态系统和众多常见软件包探讨流域或城市景观格局空间分析关键技术的实现及过程。涉及的 R 语言包有 tidyverse、raster、ncdf4、data.table、sf、gstat、rgdal、landscapemetrics 等。

8.1　景观格局空间分析数据获取与处理技术

在 R 语言中，有诸多读取和识别空间数据的包，其中较为常用的为 sf 包读取矢量空间数据，NetCDF 和 ncdf 包读取 nc 文件数据，raster 包读取栅格数据。

➢ 数据读取

```
Library(tidyverse)
Library(sf)
# 读取矢量数据，如以汾河流域上中游区域为例
WGSproj <- '+proj=longlat +datum=WGS84 +no_defs +ellps=WGS84 +towgs84=0,0,0'
Fenhe_shp <- sf::st_read("/R_Rmd/map_shp/Fenhe_boundary1.shp") %>% st_transform(WGSproj)
```

➢ 栅格数据读取

```
Library(gdalUtils)
# 将 hdf 数据转为 tif 数据
    df_tif <- get_subdatasets(hdf) %>% gdal_translate(dst_dataset = filename[.])
```

➢ 栅格数据裁剪

```
# 将栅格 df_tif 数据按照矢量边界进行裁剪为矢量区域的栅格数据
crop_mask <- function(tif,shp){
        ss <- raster(tif)
        # 统一投影坐标系
        vector = st_transform(shp,projection(ss))
        # 设定矢量数据范围外栅格数据的值为 NA
        raster_crop = crop(raster(tif),as(vector,'Spatial'))
        raster_masked = raster::mask(raster_crop, as(vector,'Spatial'), updatevalue=NA)
        # 更改坐标投影为 WGS
        raster_masked = projectRaster(raster_masked, crs = WGSproj)
        maskfilename <- substr(tif,1,11)  # 直接提取第几个到第几个字符作为字符串名字
        maskfilename <- paste0("mask", maskfilename, ".tif")
        maskfilename
                writeRaster(raster_masked,filename = maskfilename, overwrite=TRUE)
}

crop_mask(df_tif,Fenhe_shp)
```

➢ 查看栅格区域

```
# 将 tif 数据转为栅格数据进行绘图，如以汾河上游 NDVI 数据 df_tif 为例
    Raster::raster("df_tif") %>%
    rasterVis::gplot(maxpixels = 5e8) +
        geom_tile(aes(fill = value*0.0001^2)) +
        scale_fill_gradient2(low = 'darkred', high = 'darkgreen') +
        expand_limits(x = c(112,113.5)) + # 设置显示区域
        labs(x="longitude",y="latitude",fill = "NDVI")+
        theme(panel.grid.major = element_blank(),
                panel.background = element_blank()) +
        theme_void()
```

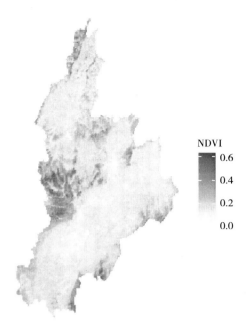

图 8-1 汾河流域上游 NDVI 空间变化图

8.2 景观单元选择技术

景观类型数据多为来自遥感影像的栅格数据，往往在分析计算以及后续统计分析中需要转为矢量数据方便计算。转为矢量化的数据后，对各景观单元的提取更为方便和快捷。

> ➢ 栅格转矢量技术

```
Library(rgdal)
dem_shanxi <- raster::raster("rasters/SX_DEM.tif")
# 将栅格数据转为矢量数据，wkt 函数可以正确转换笛卡尔坐标到经纬度坐标
dem_df <- rasterToPoints(dem_shanxi,spatial=TRUE) %>%
          spTransform(wkt(CRS(SRS_string="EPSG:4326"))) %>%
          as.data.frame(xy=TRUE)
dem_df@data <- data.frame(dem_df@data, long=coordinates(dem_df)[,1],
                          lat=coordinates(dem_df)[,2])
head(dem_df)
```

表 8-1　矢量数据格式

	SX_DEM	x	y	xy
1	1 432	114.079 2	40.756 01	TRUE
2	1 414	114.053 7	40.750 23	TRUE
3	1 446	114.065 5	40.748 7	TRUE
4	1 512	114.077 2	40.747 17	TRUE
5	1 464	114.04	40.742 92	TRUE
6	1 483	114.051 8	40.741 39	TRUE

➢ 矢量转栅格技术

```
# 按精度需求进行矢量转栅格，精度提高会成倍增加运算时间和内存大小
raw_df_raster <- dem_df %>% dplyr::select(-xy) %>%
          mutate(x = round(x,3), y = round(y,3)) %>%
          group_by(x,y,SX_DEM) %>% tally() %>% dplyr::select(-n)
raster_shanxi <-  raster::rasterFromXYZ(raw_df_raster,res = 0.001,
                    crs=st_crs(CRS(SRS_string="EPSG:4326"))$proj4string)
# 设置栅格大小和数量
extent <- raster(nrow=732, ncol=365, extent(raster_shanxi))
# 重采样至设置目标
raster_shanxiok <- raster::resample(raster_shanxi, extent)
# 查看结果
plot(raster_shanxiok)
```

➢ 景观单元选择技术

景观类型的栅格数据经转化为矢量数据后，可以随意按景观类型进行数据提取和分析工作。以 2020 年汾河上中游土地利用矢量数据为例，见下：

```
library(ggspatial) # north bar and scale bar
# 选择山西省内海拔高于 1500 的数据
df_lucc_2020 <- sf::st_read(here("/LUCC_fenhe","lucc_fenhe_2020.shp")) %>%
          st_transform(WGSproj)
lucc2010_fig <- df_lucc_2010 %>%
          mutate(lucc = case_when(
                    GRIDCODE ==1～"Cultivated Land",
                    GRIDCODE ==2～"Forest",
```

```
                    GRIDCODE ==3～"Grass Land",
                    GRIDCODE ==4～"Water/Wetland",
                    GRIDCODE ==5～"Artificial Surfaces",
                    TRUE ～ "Useless Land" )) %>%
ggplot() +
geom_sf(aes(fill = lucc )) +
scale_fill_manual( values = col_nemo) +
labs(x ="Longitute", y = "latitute", fill = "LUCC 2010")+
annotation_scale(location = "br") +
annotation_north_arrow(location = "tl", which_north = "false",
                    style = north_arrow_fancy_orienteering)+
theme_bw(12)
```

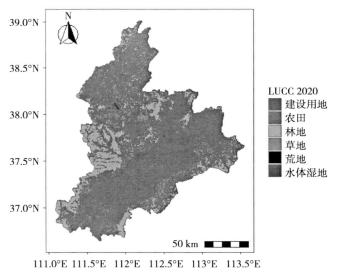

图 8-2　汾河上中游 2020 年土地利用情况

8.3　景观格局空间分析技术

　　生态学和景观生态学主要研究生物与环境的相互作用，通常取决于最终的研究问题，将生物体能够感知的环境定义为景观，因为生命体或生物体活动范围不同，景观的研究尺度既包含巨大的空间区域，也包含较小的区域，不同的研究尺度对于研究问题的刻画具有不同的效果。对景观的具体度量，需要选择适宜的景观指标，景观指标是表征景观的工具，包含了描述景观的组成和配置两个层面。如一定的景观构成基本上概述了某一土地覆盖类型占用了多少景观，而一定的景观配置则主要刻画了土地覆盖类型的空间布局。因此，从某种意义上而言，景观度量的基本思想是将尽可能多的信息压缩成离散的数字，通过数字表达景观度量的标准，这在空间分析上与栅格数据的思想是一致的。在不同尺度下，或不同空间分辨率下，通过景观单元分割为离散单元，映射其空间信息是其本质特征。

R 语言的 landscapemetrics 包正是基于这样的思路，并与 Rtidyverse 生态系统相耦合用于计算分类景观模式的景观度量的包。该软件包可作为 FRAGSTATS 的替代品，因为它为单一环境中的景观分析提供了一个可复制的工作流程。它还允许计算景观复杂性的 4 个理论指标，即边际熵、条件熵、联合熵和互信息。

8.3.1　景观格局空间网格化技术

在景观格局分析中，对空间数据网格化计算分析是最为常用的一种手段和方法，可以在不同空间尺度（空间分辨率）基础下对景观类型进行动态统计分析。

```
library(landscapemetrics)    # landscape metrics calculation
library(raster)                   # spatial raster data reading and handling
library(sf)                         # spatial vector data reading and handling
# 读取 raster 文件
my_raster <- raster("my_raster.tif")
# 设置空间网格大小，如 1500 m 的栅格
my_grid_geom <- st_make_grid(my_raster, cellsize = 1500)
my_grid <- st_sf(geom = my_grid_geom)
# 查看网格及 tif 栅格影像
plot(my_raster)
plot(my_grid, add = TRUE)
```

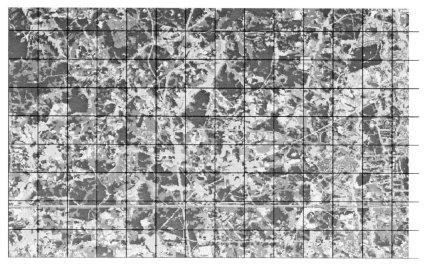

图 8-3　景观影像数据及空间栅格划分

8.3.2　空间缓冲区分析技术

景观分析中缓冲区的统计计算也是一种常用方法。设置合理的缓冲区有助于对某一具体景观类型的影响大小进行确切统计分析。如本例中对第 46 个栅格中心进行 5 000 m 的矩形缓冲区分析，基于此可计算缓冲区内的各种景观指数。具体景观指数选择可参见本书 9.3 节。

```
sample_points <- st_read("my_points.gpkg", quiet = TRUE)
# 设置 5km 矩形缓冲区，计算该区域的香农指数
square_all <- sample_lsm(my_raster,
                         y = my_point,
                         size = 5000,
                         what = "lsm_l_shdi")
```

默认为矩形缓冲区域，但可以通过参数 shape = "circle" 调整为圆形缓冲区域，经计算，该区域香农指数为 1.796。

8.4 景观指数计算及分析技术

景观指数的计算，基于不同空间分辨率可以分为 3 个不同的级别计算。每个级别包含关景观不同方面的信息。景观指数的选取在很大程度上取决于目标研究问题。通常可以选择多个级别的组合来共同揭示景观的变化规律，但归根结底，选择哪种景观度量标准同样取决于目标研究问题。

景观指标各级别定义中，可分为斑块（patch）、class（类别）和景观（landscape）3 种级别。对斑块的识别和计算采用八邻规则（八个方向维度），计算每个斑块的级别度量，并输出与景观中存在的斑块相匹配或一致数量的类型，是景观分析中最基层的指标。而类别类的景观指标则可能是某一斑块类型的汇总或均值，并输出与当前匹配或一致数量的类型，可以描述景观的组成和配置。而景观级别则将目标景观总结为一个整体，通过合并较低级别的类目并最终输出一个目标度量值。

8.4.1 景观指数计算与选择技术

依据景观最小单元斑块的性质度量，有 6 种不同类别的景观指标："面积和边缘度量"描述景观斑块的大小以及边缘的数量，以米为距离单位的不同斑块类型间的边界距离，这些指标可用于表征景观的组成，能够显示各类别的优势或稀有性。"形状度量"是通过景观斑块面积和周长来描述斑块的形状，这对于许多研究问题来说都很重要，因为即使大小相等，狭长的斑块也可能与相同大小的正方形斑块具有不同的特征。"核心指标"描述斑块非边缘的面片区域，可能只对于不受不同类别相邻斑块影响的区域才有效。"聚合度量"描述同类斑块是否聚集（聚合）或倾向于隔离，要描述景观的空间结构。"多样性指标"则仅在景观层面可用，描述了具体景观类型的丰富性和稀有性，也显示了当前景观层级的多样性。"复杂性度量"则通过边际熵描述了空间类别的多样性，通过条件熵则描述了景观类型几何形状构型的复杂性，如果条件熵的值很小，则一类景观类型主要与一类景观类型相邻，而条件熵的高值表明一种景观类型与许多不同景观类型相邻；通过连接熵对景观总体空间专题复杂性度量，表示确定聚焦单元类别和相邻单元类别时的不确定性，或者说它测量共生矩阵中值的多样性——多样性越小，联合熵的值越大；通过互信息熵量化了一个随机变量提供的关于另一个随机变量的信息，揭示了如果已知聚焦单元的类别，那么预测相邻单元的类别要容易得多。互信息消除了具有相同总体复杂性值的景观格局类型的歧义，最后对"复杂性度量"的指标还通过相对互信息熵，判定景观类型间的空间自相关性，互信息的价值往往随着景观的多样性（边际熵）而增长。为了调整这种趋势，可以通过将互信息除以边际熵来计算相对互信息。相对互信息的范围始终在0~1，可用于比较类别数量和分布不同的空间数据，具体详细信息请参见 McGarigal 等的研究。

R 语言中的 landscapematrics 包提供的相关景观指数指标有 130 余种，分别对景观栅格数据的斑块、类型和具体景观的计算提供了形状、面积、聚合度、分散度等计算。尤其是这些计算可以与 R tidyverse 生态相耦合，为后续统计计算和作图提供了方便。

如本例中对所选栅格计算每个网格的香农多样性指数，并将其结果以空间图示展示。

```
# 求解每个栅格的香农多样性指数
my_metric2 <- sample_lsm(my_raster, my_grid,
                         level = "landscape", what = "lsm_l_shdi")
# 将每个栅格香农指数与原始栅格空间链接
my_grid2 <- bind_cols(my_grid, my_metric2)
# 绘制各个栅格香农指数的空间变化
plot(my_grid2["value…15"])

# 保持数据结果为 gpkg 格式
write_sf(my_grid, "landscape/my_grid.gpkg")
```

香农指数数据结构为数据框，可以在 R 中灵活地对数据进行提取、切割、分类、统计分析与计算，以及作为其他软件的输入对象等，实现了数据分析一体化。其结果可以保存为 gpkg 格式，与其他商业软件如 QGIS、GRASS GIS，或者 ArcGIS 任意读取。

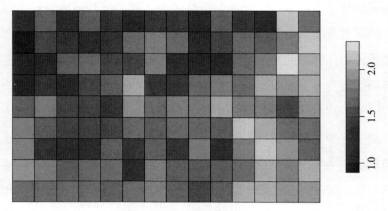

图 8-4　香农指数的空间变化

8.4.2　景观多样性分析技术

在 R 语言 landscapemetrics 包中提供了多种景观多样性分析的技术，如可对景观斑块、核心区域结果空间可视化，也可对缓冲区景观样本重采样，提取景观斑块的景观指数，获取景观度量的基本参数，以及在不同空间分辨率下对斑块进行重建。

表 8-2　landscapemetrics 包中景观多样性分析函数及说明

景观分析类型	函数名称	类型说明
Visualization	show_patches（　）	在景观中绘制斑块
Visualization	show_cores（　）	在景观中规划核心区域
Visualization	show_lsm（　）	用斑块级别度量值绘制景观填充单元
Visualization	show_correlation（　）	显示度量之间的相关性
Sampling	sample_lsm（　）	样本点周围缓冲区中的样本度量
Sampling	extract_lsm（　）	提取包围采样点的斑块的景观度量
Sampling	window_lsm（　）	移动窗口分析
Building block	get_adjacencies（　）	获取类单元格邻接
Building block	get_boundaries（　）	获取面片的边界单元

续表

景观分析类型	函数名称	类型说明
Building block	get_circumscribingcircle（ ）	获取面片周围最小外接圆的直径
Building block	get_nearestneighbour（ ）	获取类之间的最小欧几里得距离
Building block	get_patches（ ）	斑块划分
Various	check_landscape（ ）	检查输入是否满足包装要求
Various	list_lsm（ ）	列出所有可用指标
Various	spatialize_lsm（ ）	为每个单元指定面片度量

Library(landscapetools)
# 以简单的景观数据 landscape 栅格数据为例，整体景观类型图示
show_landscape(landscape)

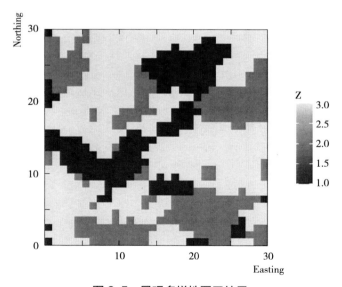

图 8-5　景观多样性图示结果

# 景观与斑块类型绘制
show_patches(landscape)

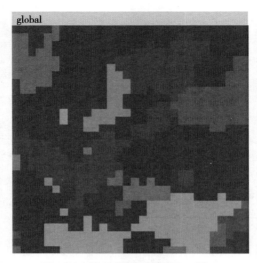

图 8-6　景观斑块多样性图示结果

```
# 绘制所有斑块类型
show_patches(landscape, class = "all", labels = FALSE)
```

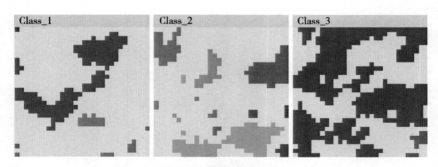

图 8-7　景观各斑块类型多样性图示结果

8.4.3　景观分布统计技术

景观的分布统计技术可以快速计算景观中某一类别所有斑块或景观中所有斑块的性质，或者进行前述景观指标的计算，包括该指标的平均值、变异系数或标准偏差等。甚至结合 R 语言其他计算功能对数据进行进一步深入分析。

```
# 计算平均形态指数
mean_shape_c <- lsm_c_shape_mn(landscape)
```

```
# 计算平均形态指数的标准方差
sd_shape_l <- lsm_l_shape_sd(landscape)
```

经计算该景观分为 3 个类别，其平均形态指数分别为 1.227 8、1.201 2 和 1.880 7，
总体方差为 0.663 5。

```
# 计算所有景观类别的加权面积
# calculate required metric for each patch (e.g. lsm_p_shape)
metric_patch <- lsm_p_shape(landscape)
# calculate area for each patch
area_patch <- lsm_p_area(landscape)
# calculate weighted mean
metric_wght_mean <- dplyr::left_join(x = metric_patch, y = area_patch,
                                     by = c("layer", "level", "class", "id")) %>%
    dplyr::mutate(value.w = value.x * value.y) %>%
    dplyr::group_by(class) %>%
    dplyr::summarise(value.am = sum(value.w) / sum(value.y))
```

经计算该景观分为 3 个类别，其加权面积分别为 2.348 0 m^2、1.630 7m^2 和
3.915 8 m^2。

8.4.4 感兴趣点提取和计算技术

通常可以结合 R 语言数据框分析工具和 ggplot 2 图形绘制工具，进行系统分
析。本例中对感兴趣点的景观参数进行提取。

```
# 如 points 为感兴趣点数据，显示其在景观中的位置
ggplot(data = raster::as.data.frame(landscape, xy = TRUE)) +
    geom_raster(aes(x = x, y = y, fill = factor(clumps))) +
    geom_point(data = data.frame(x = points[, 1], y = points[2]),
               aes(x = x, y = y), pch = 19, size = 3.5, color = "red") +
    scale_fill_viridis_d(name = "Landscape class") +
    coord_equal() + theme_bw()+
    theme(axis.text = element_blank(), axis.title = element_blank(),
          legend.position = "bottom")
extract_lsm(landscape, y = points, what = "lsm_p_area")
```

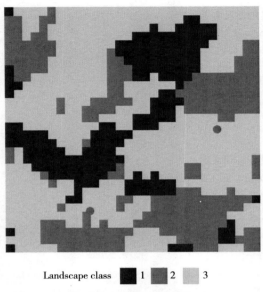

Landscape class ■ 1 ■ 2 ▨ 3

图 8-8　景观兴趣点提取图示结果

函数 extract_lsm 提取 3 个感兴趣点的景观参数各详细数据，如表 8-3 所示：

表 8-3　提取的感兴趣点的景观参数

layer	level	class	id	metric	value	extract_id
1	1	patch	3	24	area	0.0457
2	1	patch	3	24	area	0.0457
3	1	patch	2	10	area	0.0035

8.4.5　感兴趣区域提取和计算技术

如以 points 为中心，半径 5 m 区域为感兴趣区域，显示其在景观中的位置并提取相关景观信息

```
sample_plots <- data.frame(construct_buffer(coords = points,
                                            shape = "circle",
                                            size = 5,
                                            return_sp = FALSE))
ggplot(data = raster::as.data.frame(landscape, xy = TRUE)) +
    geom_raster(ggplot2::aes(x = x, y = y, fill = factor(clumps))) +
    geom_polygon(data = sample_plots, aes(x = sample_plots[, 1], y = sample_plots[, 2],
                                          group = sample_plots[, 3]),
```

```
                            col = "red", fill = NA) +
              geom_point(data = data.frame(x = points[, 1], y = points[, 2]),
                       aes(x = x, y = y), pch = 19, size = 3, color = "red") +
              scale_fill_viridis_d(name = "Landscape class") +
              coord_equal() + theme_bw()+
              theme(axis.line = element_blank(), axis.ticks = element_blank(),
                       axis.text = element_blank(),  axis.title = element_blank(),
                       legend.position = "bottom")
# 提取区域香农多样性指数
sample_lsm(landscape, y = points, size = 5,
                       level = "landscape", what = "lsm_l_shdi",
                       classes_max = 3,
                       verbose = FALSE)
```

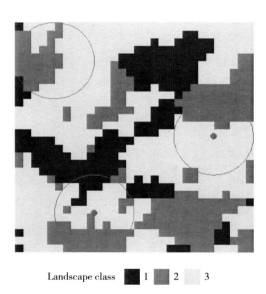

Landscape class ■ 1 ■ 2 □ 3

图 8-9　感兴趣区域景观示意图

表 8-4　提取的感兴趣区域景观香农指数

layer	level	metric	value	plot_id	percentage_inside
1	landscape	shdi	1.008 998 571	1	100
1	landscape	shdi	0.692 855 882	2	100
1	landscape	shdi	0.823 719 732	3	100

8.4.6 景观尺度选择与计算技术

景观分析的结果与所选取的景观尺度密切相关。移动窗口分析技术是景观尺度选择的一种有效工具。基本思路是对于景观中的每个焦点单元，使用矩阵指定邻域，并将局部邻域的度量值分配给每个焦点单元。因此，允许不同窗口重叠。移动窗口分析的结果是一个与输入范围相同的栅格范围，但是，每个栅格描述了所选度量的可变性。当然，最小栅格大小的选择在很大程度上影响结果的精度。

```
# 设置滑窗窗口大小
moving_window <- matrix(1, nrow = 3, ncol = 3)
# 基于滑窗大小获取香农指数空间分布
result <- window_lsm(landscape, window = moving_window, what = "lsm_l_shdi")
# 将结果添加入原始栅格的景观数据
result_stack <- raster::stack(landscape, result[[1]]$lsm_l_shdi)
# 结果比较
plot(result_stack)
```

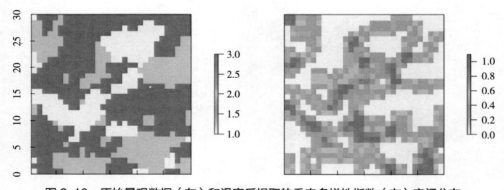

图 8-10　原始景观数据（左）和滑窗后提取的香农多样性指数（右）空间分布

8.4.7 汾河流域上中游区域土地利用景观香农多样性指数空间变化规律

香农多样性指数（Shannon's Diversity Index，SHDI），是一种基于信息理论的测量指数，在生态学中应用很广泛。反映景观异质性，特别对景观中各拼块类型非均衡分布状况较为敏感，即强调稀有拼块类型对信息的贡献，这也是其与其他多样性指数不同之处。在比较和分析不同景观或同一景观不同时期的多样性与异质性变化时，SHDI 也是一个敏感指标。如在一个景观系统中，土地利用越丰富，破碎化程度越高，其不定性的信息含量也越大，计算出的 SHDI 值也就越高。SHDI 的计算基于 R 语言平台，具体代码和说明如下：

```
# 对栅格数据进行网格化，网格大小为 5 km
my_grid_geom_2010 = st_make_grid(raster_lucc_2010, cellsize = 0.05)
my_grid_2010 = st_sf(geom = my_grid_geom_2010)
# 求解每个网格的香农多样性指数
my_metric_r = sample_lsm(raster_lucc_2010, my_grid_2010,
                         level = "landscape", metric = "shdi",
                         return_raster = TRUE)
# 合并网格和香农多样性指数数据
my_grid_2010 = bind_cols(my_grid_2010, my_metric_r)
# 分别对 2015 年和 2020 年的栅格数据进行统一操作得到合并后的数据
my_grid_2015 = bind_cols(my_grid_2010, my_metric_r)
my_grid_2020 = bind_cols(my_grid_2010, my_metric_r)
# 合并 2010-2015-2020 数据为一个大数据框，并统一投影
df_shdi <- my_grid_2010 %>%
  mutate(year = 2010) %>%
  relocate(year, .before = layer) %>%
  dplyr::select(1:10, geom) %>%
  dplyr::select(-4,-5,-9,-10) %>%
  set_names(c("year","layer","level","metric", "value","plot_id","geom")) %>%
  st_centroid() %>% st_drop_geometry() %>%
  bind_rows(
    my_grid_2015_test %>%
      mutate(year = 2015) %>%
      relocate(year, .before = layer) %>%
      dplyr::select(1:10, geom) %>%
      dplyr::select(-4,-5,-9,-10) %>%
  set_names(c("year","layer","level","metric", "value","plot_id","geom")) %>%
      st_centroid() %>% st_drop_geometry()
  ) %>%
  bind_rows(
    my_grid_2020 %>%
      mutate(year = 2020) %>%
      relocate(year, .before = layer) %>%
```

```
        dplyr::select(1:10, geom) %>%
        dplyr::select(-4,-5,-9,-10) %>%
    set_names(c("year","layer","level","metric", "value","plot_id","geom")) %>%
        st_centroid() %>>% st_drop_geometry()
    )
# 统一投影和地理坐标
df_shdi_ok <- df_shdi %>%
    pivot_wider(names_from = year, values_from = value) %>%
    bind_cols(
        my_grid_2010 %>%
            st_centroid() %>%
            mutate(long = map_dbl(geom, ~(.x)[[1]]) ,
                    lat = map_dbl(geom, ~(.x)[[2]]))  %>%
        st_drop_geometry() %>%
            select(long, lat)
    ) %>%
    drop_na()
```

（1）汾河流域上中游区域 LUCC 景观的香农多样性指数空间变化规律

2010 年汾河流域上中游区域 LUCC 景观在空间分辨率为 5 km 的香农多样性指数 SHDI 如图 8-12 所示，流域边界高海拔区域 SHDI 值处于 1.0 以下，靠近边界区域基本为 0，这些区域相对较低的 SHDI 与所在区域土地利用类型分类有关，这些区域海拔相对较高，土地利用类型单一，香农多样性指数较低。而 SHDI 在海拔较低的平原区域，以及人类活动相对频繁的城市区域，LUCC 景观香农多样性指数较高，均在 1.0 以上，城市区域能达 1.5 以上。

```
ggplot() +
    geom_raster(data=shdi_dfok, aes(long, lat, fill =`2010`),
                    hjust = 0, vjust = 0,interpolate = TRUE)+
    geom_sf(fill='transparent',data=Fenhe_shp)+
    scale_fill_viridis_c('Shdi',direction = -1)+
    coord_sf(expand=c(0,0))+
    labs(x='Longitude',y='Latitude',
            title="Shdi in 2010"
            )+
    cowplot::theme_cowplot()+
```

```
theme(panel.grid.major = element_line(color = gray(.5),
                                       linetype = 'dashed',
                                       size = 0.5),
      panel.grid.minor = element_blank(),
      panel.background = element_rect(fill=NA,color = 'black'),
      panel.ontop = TRUE)+
ggspatial::annotation_scale(location = "br") +
ggsn::north(Fenhe_shp, location ="topleft",scale = 0.15, symbol = 14)
drop_na()
```

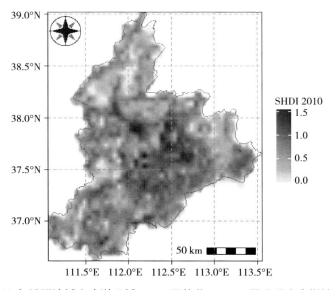

图 8-11   2010 年汾河流域上中游区域 5 km 网格化 LUCC 景观香农多样性指数空间分布

（2）2010—2015 年土地利用景观的香农多样性指数空间变化规律

2010—2015 年，SHDI 变化的空间规律如图 8-13 所示。相比于 SHDI 相对较高的区域多分布在北部区域以及最南部小部分区域，表明 2010—2015 年，这些区域的 LUCC 发生了较为明显的变化，LUCC 类型多样性增强，而流域边界和流域中部城市区域 SHDI 变动为负值，表明人类聚集区域 LUCC 景观类型单一，多样性显著减少，这也与城市化规模化后区域 LUCC 类型单一且相对变化较小有关。总体来看，2010—2015 年，LUCC 景观香农多样性指数空间分布北部较高，南部较低，中部城市化进程及人类活动对 LUCC 景观产生较大影响。

```
shdi_dfok %>%
    mutate(dif_10_15 = `2015` - `2010`,
            dif_15_20 = `2020` - `2015`,
            dif_10_20 = `2020` - `2010`) %>%
    ggplot()+
    geom_raster(aes(long, lat, fill =dif_10_15),
                hjust = 0, vjust = 0,interpolate = TRUE)+
    geom_sf(fill='transparent',data=Fenhe_shp)+
    scale_fill_viridis_c('Shdi',direction = -1)+
    scale_fill_gradient2(low = "darkred", high = "darkgreen", midpoint = 0)+
    coord_sf(expand=c(0,0))+
    labs(x='Longitude',y='Latitude', fill = "Shdi viraitions\n(2010-2015)",
        title="Shdi vairiations from 2010 to 2015"
        )+
    cowplot::theme_cowplot()+
    theme(panel.grid.major = element_line(color = gray(.5),
                                        linetype = 'dashed',
                                        size = 0.5),
        panel.grid.minor = element_blank(),
        panel.background = element_rect(fill=NA,color = 'black'),
        panel.ontop = TRUE)+
    ggspatial::annotation_scale(location = "br") +
    ggsn::north(Fenhe_shp, location ="topleft",scale = 0.15, symbol = 14)
```

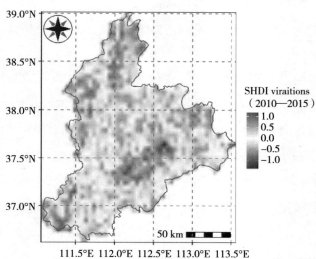

图 8-12　2010—2015 年汾河流域上中游 LUCC 景观香农多样性指数变动幅度的空间分布

8.5　应用技术总结和展望

开源的 R 语言实现了跨平台的多技术整合，在大数据分析和处理中具有独特优势，尤其在数据统计分析和建模方面，配合其他分析包，可以快速实现一体化分析技术整合。landscapematrics 包实现了大量景观指标的计算和分析，能够跨平台工作，技术开源无版权争议，以及能够在更大的工作流中分析各种各样的空间数据，并且可以实现与 R 数据框的直接耦合，实现了数据可视化、数据提取、数据重采样和进一步开发的可能，真正实现空间数据分析的一体化。这有利于景观格局空间分析技术进一步发展，将景观度量更容易地集成到更大的工作平台中，提高景观分析的透明度和再现性，并简化生态调查中的景观分析。

相比较商业化软件，R 语言在大规模数据分析与迭代还需要进一步优化，如何进一步将景观分析度量指标和空间分析技术应用在大规模数据分析中，优化运行速度，提升运行效率也面临巨大考验。此外，大尺度海量遥感数据的前处理工作还主要依赖于商业软件的高性能处理，R 语言在遥感数据分析中还未能占据主流地位。

9   汾河流域水生态效应相关分析技术

流域水生态效应的相关分析涉及流域水体水质生源要素、水文地球循环、水生态系统各要素间的相互影响，还涉及全球气候变化和人类活动干扰等科学问题。此处研究不涉及具体生物机制的水文、水质、湖泊模型，也不涉及流域面源污染的机理过程模型，仅在生物或生态要素与环境要素间的相互关系范畴内探讨生物与环境间的相互作用，以及常见的几种分析技术在 R 语言中的实现。

R 语言因其开源性、简洁性特点在科学教育领域被广泛应用。R 语言大量的开源工具包为数据分析提供了便捷的工具，在流域水生态领域的数据结构中，时间和空间是最大特征，对应着时间技术分析和空间技术分析，以及生物要素和环境要素间的生态关系技术。众多 R 语言包中，gstat 常用于空间分析中的插值分析，sf 包用于空间分析中地理图形分析与绘制；时间尺度分析涉及时间序列分析，如时间趋势分析的 trend 包、周期识别的 strucchange 包和 wavelet 包、时间序列模式分析的 ggtimeseries 包；反映生物与环境间相互作用的 vegan 包，考虑因子间混合交互效应的 lmer 包以及机器学习流程体系 tidymodels 系列包等在水体生态分析中均有大量应用。

9.1   空间数据处理与分析技术

在流域景观及生态学研究中，随着研究的深入，数据类型多含有地理空间属性。空间数据又称几何数据，是用于描述所定义空间中对象的位置、形状、方向、大小、分布等多方面信息的数据，是对现世界中存在的具有定位意义的事物和现象的定量描述。

由于在计算机系统中对地图的存储组织、处理方法的不同，以及空间数据本身的几何特征差异，空间数据又可分为图形数据和图像数据。常见的地图数据就属于图形数据，而源于卫星、航空遥感，包括多平台、多层面、多种传感器、多时相、多光谱、多角度和多种分辨率的影像数据则属于图像数据，按其自身属性及空间分辨率的差异，可简单区分于矢量数据和栅格数据。测绘工程或军事领域中常见的地形数据，可基于地形等高线图的数字化，或已构建好的数据高程模型（DEM）或实测的地形数据，也可认为是图形数据，但其来源的 DEM 则是图像数据，此外其他属性数据如社会调查报告、实测测绘数据、研究统计报告等数据在空间上的图形显示则既可以包括图形数据也可以包括图像数据。

空间数据能够和任何具有空间信息的数据进行关联操作，这里的空间信息既可以指代实际地理坐标具有地理坐标意义，也可以是某一空间内个体的相对位置信息。通常这类空间数据存储了各类具有空间信息，如地理位置、河流、路线、地物形状大小等，这些空间信息综合来看，可简单由点、线和面构成，而图像数据的空间信息则可由最基本的栅格构成，在数据操作中可以实现矢量数据和栅格数据的互相转换。

对空间信息的解读和刻画，必须在一定的"坐标系"内完成，只有在相应的"坐标系"内才能够用一个或多个"坐标值"来表达和确定空间位置，才能实现相应的地理计算和统计分析。通常坐标系一般有两种：地理坐标系（Geographic Coordinate System）和投影坐标系（Projected Coordinate System）。坐标系是数据或地图的属性，而投影是坐标系的属性。具有空间属性的数据或地图一定有坐标系，而一个坐标系可以有投影也可以无投影。关于空间数据坐标系的详细信息可参见相关书籍，在此不再赘述。R 语言中可以采用 EPSG 编号进行坐标定义，EPSG 既有地理坐标，也有投影坐标，而且，ESPG 坐标已被多种语言广泛使用，具体可参见其官网。

在 R 语言中 sf 包引入了空间数量分析领域通用的标准规范，结合 tidyverse 工具箱组合，R 语言中处理、转化与绘制地理空间数据的复杂度降了一个数量级，基本具备了强大的矢量空间数据处理能力。本节重点以 R 语言为基础实现空间地理图形的绘制技术及空间地理插值与分析技术。

9.1.1 空间地理图形绘制技术

空间地理图形绘制涉及对空间数据的获取、数据的导入、数据经纬度转换、数据格式转换及距离计算、多个数据的空间属性的联合或相交等信息的重新获取等。常见的地理数据类型有 ESRI Shapefile（shp），或简称 shapefile、GeoJson 数据、

GeoJSON 数据、NetCDF（Network Common Data Form）数据，以及 GeoTIFF 栅格数据等。R 语言中对不同类型地理数据的读取有专门的软件包实现，均支持不同数据格式间的相互转换。在实际生态地理信息分析中，最为常见的分析是将实际采样的经纬度数据转换为 R 语言中可以操作的属性对象，并叠加其他空间数据格式进行呈现。R 语言中最为便捷的处理技术为 sf 包，本例以山西省气象国控监测点为例，叠加数字高程图像进行空间地理图形绘制。

```
# 加载必要 R 分析包
Library(rgdal)          # 数据格式转换需要
Library(raster)          # 栅格数据读取
Library(sf)              # 矢量数据读取及分析
Library(ggspatial)       # 地图修饰如比例尺、指北针等
# 读取 DEM 数据，并转换投影，转换为矢量数据，方便与 sf 数据交互
dem_shanxi <- raster::raster("rasters/SX_DEM.tif") %>%
            spTransform(dem_df, wkt(CRS(SRS_string="EPSG:4326"))) %>%
            as.data.frame(xy=TRUE)
# 读取山西国控气象监测站点，设置投影及转换，再求解经纬度数值
sf_shanxi_points <- df_shanxi_tidy %>%
            dplyr::select(city,id_name,long, lat, ref) %>% distinct() %>%
            st_as_sf(coords = c("long", "lat"), crs = 4490) %>%
            st_transform(4326) %>%
            mutate(long = map_dbl(geometry, ~st_point_on_surface(.x)[[1]]),
                   lat = map_dbl(geometry, ~st_point_on_surface(.x)[[2]]))
# 读取山西边界矢量数据
shanxi_map <- read_sf("rawfiles/ 山西省 .json") %>% st_transform(4326)
# 基于 sf 和 ggplot 绘图系统进行空间地理图形绘制
ggplot() +
      geom_raster(data= dem_shanxi, aes(x, y, fill =dem),
                  hjust = 0, vjust = 0,interpolate = TRUE)+
      geom_sf(fill='transparent',data=shanxi_map)+
      geom_sf(data = sf_shanxi_points, shape = 21, colour = "white", size =3,
             fill = "#e8490f", alpha = 0.5)
      scale_fill_viridis_c('m/DEM',direction = -1)+
      coord_sf(expand=c(0,0))+
      labs(x='Longitude',y='Latitude',
            title="DEM map",
            subtitle='Shanxi')+
```

```
cowplot::theme_cowplot()+
theme(panel.grid.major = element_line(color = gray(.5),
                                        linetype = 'dashed',
                                        size = 0.5),
        panel.grid.minor = element_blank(),
        panel.background = element_rect(fill=NA,color = 'black'),
        panel.ontop = TRUE)+
    ggspatial::annotation_scale(location = "br") +
    ggspatial::annotation_north_arrow(location = "tl", which_north = "false",
                                        style = north_arrow_fancy_orienteering)
```

9.1.2　空间插值计算与分析技术

在流域景观及生态的实际分析中，由于人力、物力和经费成本的限制，加之测量现场施工难度大等因素，不可能对研究区域的每一位置都进行测量。空间插值是一种常用的方法，通过采样点的测量值，使用适当的数学模型，对区域所有位置进行预测，形成测量值表面。插值的数学假设以空间信息分布的相关性为基础，彼此接近的对象往往具有相似的特征。在生态分析领域常用的空间插值技术主要包括反距离权重法（IDW，Inverse Distance Weighted）和克里金法（Kriging），以及其他插值方法如自然邻域法（Natural Neighbor）、样条函数法（Spline）等。具体各方法的数学原理和解释可参考相关书籍。本例以最为常用的 IDW 和 Kriging 方法在 R 语言中的技术实现为例，同样基于 R tidyvese 体系实现空间插值技术集成，并最终汇总为一个大函数便于与其他语言交流参考。

（1）IDW 空间插值技术

IDW 空间插值方法假定所映射的变量因受到与其采样位置间距离的影响而减小，在 R 语言中可由 gstat 包实现。本例以山西省国控气象数据点的 $PM_{2.5}$ 某年数据为例，插值边界以山西省边界为控制区。

```
# my_idw 为 IDW 插值函数，参数 extent 为插值边界控制区，cellsize 为最小插值网格设置，
单位参考数据投影
# my_idw_plot 为插值后图像地理作图，参数 Year 为年份插值条件控制
my_idw_plot <- function(Year){
my_idw <- function(groundtruth, column, cellsize, nmax = Inf, maxdist = Inf, idp = 2,
    extent = NULL) {
```

```
require(gstat)
require(sf)
require(raster)
if (is.null(extent)) {
    extent <- groundtruth
}
samples <- st_make_grid(extent, cellsize, what = "centers") %>% st_as_sf()
my_formula <- formula(paste(column, "~1"))
idw_sf <- gstat::idw(formula = my_formula, groundtruth, newdata = samples, nmin = 1,
    maxdist = maxdist, idp = idp)
    idw_matrix <- cbind(st_coordinates(idw_sf), idw_sf$var1.pred)
ras <- raster::rasterFromXYZ(idw_matrix)
if (all(grepl("polygon", st_geometry_type(extent), ignore.case = TRUE))) {
    ras <- raster::mask(ras, st_as_sf(st_zm(extent)))
}
ras
}


my_idw(shanxi_year_pm25 %>% filter(year == {{Year}}),
        "value",
        cellsize = 0.01, idp = 1,
        extent = shanxi_map) %>%
        as.data.frame(xy=TRUE) %>%
        drop_na() %>%
    ggplot()+
        geom_raster(aes(x=x,y=y,fill=layer))+
        geom_sf(fill='transparent',data=shanxi_map)+
        scale_fill_viridis_c('μ g/m^3',direction = -1)+
        coord_sf(expand=c(0,0))+
        labs(x =NULL, y = NULL,
                title=paste0("Shanxi's PM2.5 map in ",{{Year}}),
                subtitle='Annual concentrations based on IDW Interpolation')+
        cowplot::theme_cowplot()+
        theme(panel.grid.major = element_line(color = gray(.5),
                            linetype = 'dashed',
                            size = 0.5),
                panel.grid.minor = element_blank(),
                panel.background = element_rect(fill=NA,color = 'black'),
                panel.ontop = TRUE)
}
```

以 2020 年数据为例，结果如下

my_idw_plot(2020)

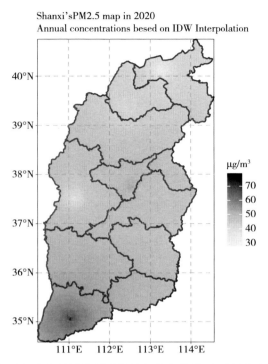

图 9-1   2020 年基于山西省国控气象点的 PM$_{2.5}$ IDW 空间插值

（2）Kriging 空间插值技术

Kriging 空间插值方法假定采样点之间的距离或方向可用于说明表面变化的空间相关性，在 R 语言中可由 gstat 包实现。本例以山西省国控气象数据点的 PM$_{2.5}$ 某年数据为例，插值边界以山西省边界为控制区。

```
# my_idw 为 IDW 插值函数，参数 extent 为插值边界控制区，cellsize 为最小插值网格设置，
单位参考数据投影
# my_idw_plot 为插值后图像地理作图，参数 Year 为年份插值条件控制
my_idw_plot <- function(Year){
my_krige <- function(groundtruth, column, cellsize, nmax = Inf, maxdist = Inf, extent = NULL) {
    require(gstat)
    require(sf)
    require(raster)
    if (is.null(extent)) {
```

```
            extent <- groundtruth
        }
        samples <- st_make_grid(extent, cellsize, what = "centers") %>% st_as_sf()
        my_formula <- formula(paste(column, "~1"))
        krige_sf <- gstat::krige(formula = my_formula, groundtruth, newdata = samples,
            nmin = 1, maxdist = maxdist)
        krige_matrix <- cbind(st_coordinates(krige_sf), krige_sf$var1.pred)
        ras <- raster::rasterFromXYZ(krige_matrix)

        if (all(grepl("polygon", st_geometry_type(extent), ignore.case = TRUE))) {
            ras <- raster::mask(ras, st_as_sf(st_zm(extent)))
        }
        ras
}


my_krige_plot <- function(Year){
    my_krige(shanxi_year_pm25 %>% filter(year == {{Year}}),
            "value", cellsize = 0.01,
            extent = shanxi_map) %>%
            as.data.frame(xy=TRUE)%>% drop_na() %>%
    ggplot()+
            geom_raster(aes(x=x,y=y,fill=layer))+
            geom_sf(fill='transparent',data=shanxi_map)+
            scale_fill_viridis_c('μg/m^3',direction = -1)+
            coord_sf(expand=c(0,0))+
            labs(x =NULL, y = NULL,
                    title=paste0("Shanxi's PM2.5 map in ",{{Year}}),
                    subtitle='Annual concentrations based on Krige Interpolation')+
            cowplot::theme_cowplot()+
            theme(panel.grid.major = element_line(color = gray(.5),
                                                linetype = 'dashed',
                                                size = 0.5),
            panel.grid.minor = element_blank(),
            panel.background = element_rect(fill=NA,color = 'black'),
            panel.ontop = TRUE)
}
# 以 2020 年数据为例，结果如下
my_krige_plot(2020)
```

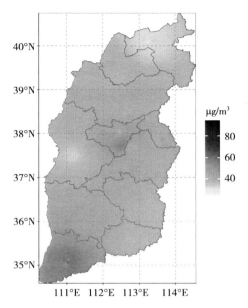

图 9-2 2020 年基于山西省国控气象点的 $PM_{2.5}$ Kriging 空间插值

9.2 生物排序的生态分析技术

景观生态分析中，生物因子和环境因子是重要的研究对象，这些数据一般是多维数据，数据包含了生物物种属性或环境因子的属性。分析二者之间的关系，最为常用的就是多元统计分析方法，但对于揭示生物因子和环境因子间的作用规律必然需要生物排序分析技术，排序分析是景观群落生态学最常用的分析方法，也是多元统计最常用的方法之一。目前生物排序方法不仅在景观群落生态学领域，在微观基因操作单元与环境因素关系、在社会经济领域辨别两种或多种类别间作用也是必要的技术手段。

聚类分析或分类分析只能实现数据间分割，以间断性特征为重要参考，但对分析景观环境中连续分布的群落类型则无能为力。生物排序方法最初用于分析生态群落之间的连续分布关系，后来经过不断迭代优化和发展，拓展到对植物种及环境因素的排序，用于研究群落之间、群落与其环境之间的复杂关系。只使用单一组成数据的排序称作间接排序（Indirect Ordination），同时使用两种或多种组成数据的排序叫作直接排序（Direct Ordination）。生物排序分析已逐渐适用于大部分以样点为基础的观察数据或实验数据的分析。

从生态学家开始用生物排序的技术分析生态学数据以来的近 70 多年发展过程中，排序技术和类型及其相互组合越来越多，形式也越来越高级。但以线性模型的主分量分析（Principal Components Analysis，PCA）及其衍生出来的冗余分析（Redundancy analysis，RDA），以及以非线性模型的对应分析（Correspondence Analysis，CA）及其直接梯度分析版本"典范对应分析"（Canonical Correspondence Analysis，CCA）使用最为频繁，影响最为广泛。生物排序分析的重要性还在于其结果的可视化呈现，R 语言中 vegan 软件包是使用最广泛的生物排序技术。考虑到技术的迁移和系统性，本例将以 R 语言 tidymodels 数据分析流程实现生物排序的多种技术实现。

9.2.1　生物排序分析 PCA 技术

主成分分析技术（PCA）是最常用的线性降维技术，基本思想是通过某种线性投影，将高维的数据映射到低维的空间中，并期望在所投影的维度上数据的信息量最大（方差最大），以此使用较少的数据维度，同时保留住较多的原数据点的特性。本质上而言，PCA 是一种对数据进行简化分析的技术，这种方法可以有效地找出数据中最"主要"的元素和结构，去除噪声和冗余，将原有的复杂数据降维，揭示隐藏在复杂数据背后的简单结构。本例以 penguins 数据集为例，在 tidymodels 系统下实现数据清洗、分析、建模等一体化分析过程。具体程序如下：

```
# 加载 R 分析包
library(tidymodels)
# PCA 属于非监督学习类型，不需要指定层级
penguins_rec <- recipe( ~ ., data = penguins %>% select(bill_length_mm:body_mass_g))
# 数据清洗及 PCA 处理
pca_trans <- penguins_rec %>%
          step_normalize(all_numeric_predictors()) %>%
          step_pca(all_numeric_predictors(), num_comp = 4)
# 查验数据结果
pca_estimates <- prep(pca_trans, training = penguins)
```

```
# 提取特征向量
pca_load_tidymodel <- tidy(pca_estimates, number = 2) %>%
        select(-id) %>%
        pivot_wider(names_from = "component", values_from = "value")
# 在原始数据中添加 PCA 结果信息，pca_points_tidymodel 即为最终数据集
pca_data <- bake(pca_estimates, penguins)
pca_points_tidymodel <- pca_data %>% bind_cols(penguins)
# 生物排序图
ggplot(pca_points_tidymodel, aes(x = PC1, y = PC2)) +
    geom_point(aes(colour = species)) +
    geom_polygon(data = pca_points_tidymodel %>% group_by(species) %>% slice(chull(PC1, PC2)),
        aes(fill = species,colour = species),alpha = 0.3, show.legend = FALSE)+
    geom_segment(data = pca_load_tidymodel,
        aes(x = 0, y = 0, xend = PC1*5, yend = PC2*5),
        size = 2.5, color = "midnightblue",arrow = arrow(length = unit(1/2, 'picas'))) +
    annotate('text', x = (pca_load_tidymodel$PC1*6.5), y = (pca_load_tidymodel$PC2*5.5),
        label = pca_load_tidymodel$terms,
        size = 5.5, color = "midnightblue")+
theme_light()
```

表 9-1　PCA 特征向量

变量	PC1	PC2	PC3	PC4
喙长	0.453 753 2	−0.600 194 9	−0.642 495 1	0.145 169 5
喙宽	−0.399 047 2	−0.796 169 51	0.425 800 4	−0.159 904 4
鳍长	0.576 825	−0.005 788 17	0.236 095 2	−0.781 983 7
体重	0.549 674 7	−0.076 463 66	0.591 737 4	0.584 686 1

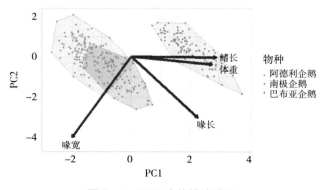

图 9-4　PCA 生物排序结果

9.2.2　生物排序分析 RDA 技术

生物排序分析 RDA 技术，即冗余分析技术，是一种提取和汇总一组响应变量中的变化的方法，可以通过一组解释变量来解释，即通过直接梯度分析技术（Direct Gradient Analysis Technique），最终总结了一组解释变量"冗余"（即"解释"）的响应变量分量之间的线性关系。本质上，RDA 通过允许在多个解释变量上回归多个响应变量，是多元线性回归关系的拓展，并通过多元线性关系的所有响应变量的拟合值矩阵再进行主成分分析（PCA）。由此来看，RDA 是约束化的主成分分析。其中规范轴通常是由响应变量的线性结构组成，也代表了解释变量的线性组合。RDA 排序技术主要体现在两个方面，即由响应变量生成一个排序，以及由解释变量生成另一个排序，二者可以共同映射在同一空间，用于揭示响应变量和解释变量间的关系。PCA 和 RDA 的目的都是寻找新的变量来代替原来变量，二者的主要区别在于 RDA 在排序图中的坐标是环境因子的线性组合，这种组合充分考虑了环境因子对样方的影响，能够揭示在特定环境因子限制下生物物种属性的分布，从而得到哪些类群的物种受特定的环境因子影响。在常规 RDA 分析中，分步实现且排序图绘制稍显复杂，不便于一体化整合与分析。本例中，我们以汾河水体水环境因子和 4 种藻类细胞密度数据，整合了 RDA 分析步骤，有利于数据流程整合和系统化分析。

```
# 加载 R 分析包，加载数据
library(vegan)
# df_env 为环境因子数据
df_env <- read_csv('df_env_smp.csv')
# df_com 为生物因子数据
df_com <- read_csv('df_com_smp.csv')
# RDA 分析和环境检验
res_rda <- rda(df_com, df_env)
res_envfit <- envfit(df_com, df_env)
# 封装生物因子与环境因子蒙特卡罗检验结果，并绘制显著性因子图
Env_plot <- function(env_obj){
}
Env_plot <- function(env_obj, r2_dig = 6, p_dig = 3) {
```

```
r2_fmt <- as.character(paste('%.', r2_dig, 'f', sep = ''))
p_fmt <- as.character(paste('%.', p_dig, 'f', sep = ''))
tibble(factor = names(env_obj$vectors$r),
        r2 = env_obj$vectors$r,
        pvals = env_obj$vectors$pvals) %>%
mutate(sig = case_when(
    pvals <= 0.001 ~ '***',
    pvals <= 0.01 ~ '**',
    pvals <= 0.05 ~ '*',
    TRUE ~ '')) %>%
mutate(pvals = sprintf('%.3f', pvals),
        r2 = sprintf(r2_fmt, r2)) %>%
mutate(pvals = as.numeric(pvals),
        r2 = as.numeric(r2)) %>%
ggplot(aes(fct_reorder(factor, r2),r2))+
    geom_col(fill = "midnightblue")+
    geom_text(aes(label = sig),hjust = -0.5, size = 4)+
    scale_y_continuous(label = scales::percent)+
    coord_flip()+
    labs(y="adj.R2 based on 999 permutation test", x = "Variabls")+
    theme_bw(12)
}
```

Env_plot (res_envfit, r2_dig = 3)

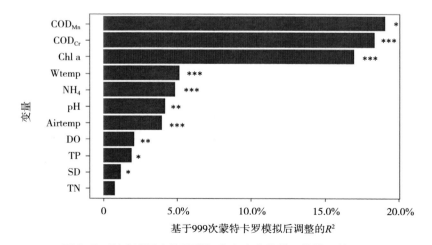

图 9-5　影响汾河水体藻类细胞密度变化的显著性环境因子

```r
# RDA 排序结果图 , ggrda_plot 为封装一体化函数
ggrda_plot <- function(rda_obj,sp_size = 4,arrow_txt_size = 4, envfit_df) {
    ii = summary(rda_obj)
    fmod <- fortify(rda_obj)
    basplot <- plot(rda_obj)
    mult <- attributes(basplot$biplot)$arrow.mul
  if(missingArg(envfit_df)){
        bplt_df <- filter(fmod, Score == "biplot") %>%
      mutate(bold = 'sig')
    } else {
        bplt_df <- filter(fmod, Score == "biplot") %>%
        left_join(envfit_df, by = c('Label' = 'factor')) %>%
        mutate(bold = ifelse(str_detect(sig, fixed('*')), 'sig', 'ns'))
    }
  ggplot(fmod, aes(x = RDA1, y = RDA2)) +
    coord_fixed() +
    geom_point(data = subset(fmod, Score == "species"),
                        aes(RDA1,RDA2, color = Label))+
    geom_segment(data = bplt_df,
                    aes(x = 0, xend = mult * RDA1,
                        y = 0, yend = mult * RDA2),
                    arrow = arrow(length = unit(0.25, "cm")),
                  ) +
    ggrepel::geom_text_repel(data = subset(fmod, Score == "biplot"),
                    aes(x = (mult + mult/10) * CCA1,
                        y = (mult + mult/10) * CCA2,
                        label = Label),
                    size = arrow_txt_size,
                    hjust = 0.5) +
    ggrepel::geom_text_repel(
        data = subset(fmod, Score == "species"),
        aes(label = Label))+
    labs(x=paste("RDA 1 (", format(100 *ii$cont[[1]][2,1], digits=4), "%)", sep=""),
        y=paste("RDA 2 (", format(100 *ii$cont[[1]][2,2], digits=4), "%)", sep=""))+
    geom_hline(yintercept=0,linetype="dashed",size=1) +
    geom_vline(xintercept=0,linetype="dashed",size=1)+
    theme(legend.position = "none",panel.grid=element_blank())+
```

```
        theme_bw()
    }
    #RDA 排序结果图
    ggrda_plot (res_rda)
```

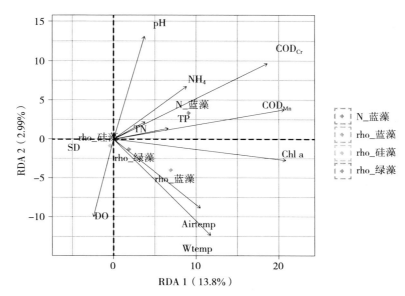

图 9-6 汾河水体藻类细胞密度和环境因子的 RDA 排序

9.2.3 生物排序分析 CCA 技术

典型关联分析（Canonical Correlation Analysis，CCA）是最常用的挖掘数据关联关系的算法之一，典范关联分析是研究两组变量之间相关程度的多元分析方法，这种分析方法把两组变量的相关变为两个新变量之间的关联来进行研究，第一组变量中找出一个变量的线性组合，在第二组中找出一个变量的线性组合，并使这两个线性组合形成的新变量具有最大的相关性，这种相关为典范相关，形成的两个新的变量为典范变量。本例同样以 RDA 数据为例。

```
# 进行 CCA 分析
spe.cca <- cca(df_com ~ ., df_env)
# 封装函数
ggcca_plot <- function(cca_obj,sp_size = 4,arrow_txt_size = 4, envfit_df) {
    ii = summary(cca_obj)
```

```
    fmod <- fortify(cca_obj)
    basplot <- plot(cca_obj)
    mult <- attributes(basplot$biplot)$arrow.mul
  if(missingArg(envfit_df)){
        bplt_df <- filter(fmod, Score == "biplot") %>%
        mutate(bold = 'sig')
    } else {
        bplt_df <- filter(fmod, Score == "biplot") %>%
        left_join(envfit_df, by = c('Label' = 'factor')) %>%
        mutate(bold = ifelse(str_detect(sig, fixed('*')), 'sig', 'ns'))
    }
  ggplot(fmod, aes(x = CCA1, y = CCA2)) +
    coord_fixed() +
    geom_point(data = subset(fmod, Score == "species"),
                    aes(CCA1,CCA2, color = Label))+
    geom_segment(data = bplt_df,
                    aes(x = 0, xend = mult * CCA1,
                        y = 0, yend = mult * CCA2),
                        arrow = arrow(length = unit(0.25, "cm")),
                    ) +
    ggrepel::geom_text_repel(data =  subset(fmod, Score == "biplot"),
            aes(x = (mult + mult/10) * CCA1,
                y = (mult + mult/10) * CCA2,
                label = Label),
            size = arrow_txt_size,
            hjust = 0.5) +
    ggrepel::geom_text_repel(
        data = subset(fmod, Score == "species"),
        aes(label = Label), color = "red")+
    labs(x=paste("CCA 1 (", format(100 *ii$cont[[1]][2,1], digits=4), "%)", sep=""),
        y=paste("CCA 2 (", format(100 *ii$cont[[1]][2,2], digits=4), "%)", sep=""))+
            geom_hline(yintercept=0,linetype="dashed",size=1) +
    geom_vline(xintercept=0,linetype="dashed",size=1)+
  theme(legend.position = "none",panel.grid=element_blank())+
  theme_bw()
  }
  #CCA 排序结果图
  ggcca_plot(spe.cca)
```

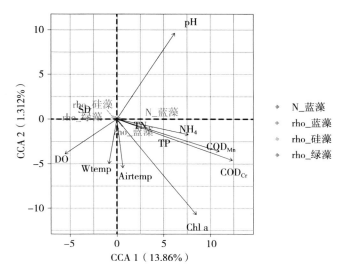

图 9-7　汾河水体藻类细胞密度和环境因子的 CCA 排序

9.2.4　生物排序分析 NMDS 技术

非度量多维尺分析技术（Non-Multi-Dimensional Scaling，NMDS）是一种很好的排序方法，通过将多维空间的研究对象（样本或变量）简化到低维空间进行定位、分析和归类，同时又保留对象间原始关系的数据分析技术。在生态分析领域，它可以使用具有生态学意义的方法来度量群落差异。一个好的相异性测度与环境梯距离具有很好的秩关系。因为 NMDS 只使用秩信息，并且映射在有序空间上是非线性的，故它能处理任意类型的非线性物种矩阵，并能有效、稳健地找到潜在梯度。

在数据资料不足或无法获得研究对象间精确的相似性或相异性数据，仅能得到它们之间等级关系数据的情形下，NMDS 不失为一种有效方法，对不符合变量多维度分析的数据，进行变量变换，将对象间的相似性或相异性数据看作点间距离的单调函数，在保持原始数据次序（秩）关系的基础上，用新的相同次序的数据列替换原始数据进行度量型多维尺度分析。根据样品中包含的物种信息，以点的形式反映在多维空间上，而对不同样品间的差异程度，则是通过点与点间的距离体现，最终获得样品的空间定位点图。

本例同样以上述 PCA 和 RDA 数据为基础，将数据转为长型数据进行 NMDS

分析。

```
# 加载 R 包
Library(vegan)
#NMDS 分析，数据为 long 型，包含站点数据，且置于数据前列
NMDS_plot <- function(long_data, SampleMetadata,...){
get_NMDS_ordination = function(long_data,
                               SampleMetadata,
                               logtransform = T,
                               relative = T,
                               k = 3,
                               trymax = 100,
                               ...){
if(is.numeric(SampleMetadata)){
    SampleMetadataColumns = SampleMetadata
    SampleMetadata =
        as.data.frame(Long_data[,min(SampleMetadataColumns):max(SampleMetadataColumns)])
    species_mat =
        as.matrix(Long_data[,(max(SampleMetadataColumns) + 1):ncol(Long_data)])
    } else{
    SampleMetadata = as.data.frame(SampleMetadata)
    species_mat = as.matrix(Long_data)
    }

    # perform NMDS ordination
    OTU.NMDS = metaMDS(species_mat,
                       k = k,
                       trymax = trymax,
                       ...)
    return(OTU.NMDS)
    }
}
NMDS.data <- get_NMDS_ordination(long_data = long_data,
                                 SampleMetadata = c(1,3), # 其中 1 至 3 列为物种数据
                                 logtransform = TRUE,
                                 relative = TRUE, distance = "bray",
                                 k = 3)
# 获取生物群落数据范围
```

```r
get_hull_data = function(NMDS_data,
                         SampleMetadata,
                         NMDS = c(c("NMDS1", "NMDS2"),
                                  c("NMDS1", "NMDS3"),
                                  c("NMDS2", "NMDS3")),
                         type = c("Type1", " Type2"),
                         which = c("all", c("Type1", "Type2", "...")))){
SampleMetadata = as.data.frame(SampleMetadata)
# 获取 NMDS 参数
 data.scores = as.data.frame(scores(NMDS_data))
 data.scores$site = rownames(data.scores)
 data.scores[, type] = SampleMetadata[, type]
 # 获取分类
 habitatvector = levels(SampleMetadata[,type])
  # 计算分类范围
 for(Microhabitat in habitatvector){
   Microhabitat_String = gsub(" ", "_", Microhabitat)
   assign(paste0("Group.", Microhabitat_String),
          data.scores[data.scores[type] ==
          Microhabitat,][chull(data.scores[data.scores[type] ==
          Microhabitat, NMDS]), ])
 }
hull.data <- get_hull_data(NMDS_data = NMDS.data,
                   SampleMetadata = long_data [,2] ,        # 分组分类性数据
                   NMDS = c("NMDS1", "NMDS2"),
                   habitat = "algae",                       # 分组变量名
                   which = 'all'
                   )
#ggplot 绘制排序图
data.scores = as.data.frame(scores(NMDS_data))
ggplot() +
    geom_polygon(data = hull_data,
                 aes_string(x=x, y=y, group = habitat, fill = habitat),
                 alpha = 0.9) +
    geom_point(data = data.scores,
               aes_string(x = x, y = y),
               size = 1.25,
               color = "grey10") +
    geom_text(aes(x = min(data.scores[, x]),
```

```
                              y = min(data.scores[, y]),
                              hjust = 0,
                              label = as.character(paste0(NMDS_data$ndim, "D Stress: ",
                                                    round(as.numeric(NMDS_data$stress),
                                                    digits = 4)))),
                         parse = F, color = "gray50", size = 4) +
         coord_equal()
       }
       # 案例结果
       NMDS_plot(long_data, long_data[,1:3])
```

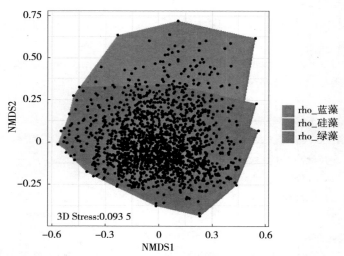

图 9-8　汾河水体藻类细胞密度和环境因子的 NMDS 排序

9.2.5　生物排序分析 PCoA 技术

　　主坐标分析（Principal Coordinates Analysis，PCoA）是一种探索和可视化数据相似性或相异程度的方法，展示在低维欧氏空间中的对象间（非）相似性。PCoA 不使用原始数据，而是使用（相异）相似度矩阵作为输入。从概念上讲，它与主成分分析（PCA）和聚类分析相似，后者分别保留对象之间的欧几里得距离和卡方距离。但是，PCoA 可以保留任何（距离）度量产生的距离，从而可以更灵活地处理复杂的生态学数据。需要说明的是 PCoA 的输入数据为已经计算好的各变量间的距离矩阵，可以灵活地选择聚类计算方法。在生态分析中，可以更清楚地揭示物种间的差异性。更多关于 PCoA 的细节部分可参考 Legendre 等所著的文献。

```
PCoA_plot <- function(Data,
                method,  # 有 "manhattan","bray" 两种方法选择
                components = c(1,2), ellipse = T) {
  PCoA_Data_input <- Data
  PCoA_Data_input[,1] <- (PCoA_Data_input[,1]) # 分组需要为因子向量
  Dist_Met <- as.matrix(vegan::vegdist(PCoA_Data_input[,2:ncol(PCoA_Data_input)],
                method = method))
# PCoA 分析
Res <- ape::pcoa(Dist_Met)
PCoA_Res <- as.data.frame(Res[["vectors"]])
x_y_coord_G <- cbind(PCoA_Res[,c(components[1],components[2])], PCoA_Data_input$algae)
colnames(x_y_coord_G)[3] <- "Group"
M_p_value <- vegan::adonis2(Dist_Met~Group,
                        method = method,
                        by = NULL,
                        data = x_y_coord_G)[["Pr(>F)"]][1] # 获取模型 p 值
# PCoA 结果排序图
sem_res <- ggplot2::ggplot(data = x_y_coord_G, aes(Axis.1, y = Axis.2,
                        color = Group,label=rownames(x_y_coord_G))) +
        ggplot2::geom_point(size = 2)+
        ggplot2::theme_minimal() +
        ggplot2::labs(x = paste0("Component ",components[1],":
                ",round(Res[["values"]][["Relative_eig"]][components[1]]*100,1),"%"),
                y = paste0("Component ",components[2],":
                ",round(Res[["values"]][["Relative_eig"]][components[2]]*100,1),"%"))+
        ggplot2::ggtitle(paste(method,"index/distance, ","Model_p_value",M_p_value))
# 是否画置信椭圆
if(ellipse ==T){
        sem_res<-sem_res+ggplot2::stat_ellipse(ggplot2::aes(x=Axis.1,y=Axis.2, color=Group),
                                type = "norm", show.legend = F)
            }
else{sem_res<-sem_res}
return(sem_res)
}
# 本例结果
PCoA_plot(Data=date_long, components = c(1,2), method = "bray")
```

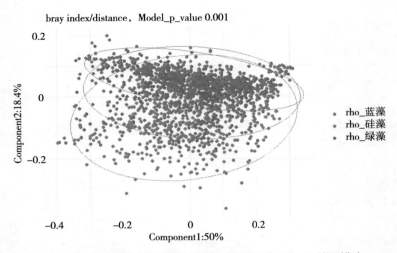

图 9-9　汾河水体藻类细胞密度和环境因子的 PCoA 结果排序

10 汾河流域城市景观—水生态环境改善对策建议和措施

10.1 生态保护建议

（1）继续加强流域自然生态保护

继续加强汾河流域湿地及水环境等方面的生态保护，提高流域湿地的生态系统服务功能和生态效益。有计划地实施林业保护、退耕还林、还草，辅以人工补育，促进自然生态修复。根据流域内荒山、荒地特点，促进水源涵养，减少水土流失。

（2）健全水环境质量监管机制

完善流域水质监测制度。在汾河关键节点建立水质自动监测站，对水质自动监测站进行改造和完善，对水质进行实时监控，对突发性水质变化进行及时预警，统一各监测体系流程和标准，建立汾河流域完善的河流水质动态监测网络及数据库，以便科学评估河流水质状况，为实施污染预防提供依据。

实施水质考核，落实水质保护责任。流域内各支流入汾口应达到《地表水环境质量标准》中Ⅲ类水质标准。要适时制定和实施最严格的地方排放标准，并要确定最严格的污染物总量控制要求，并进行流域水污染治理设施升级；加强对断面水质考核，确保流域水质安全。

（3）部署城市水利工程，提升水体流动性

水体流动性强弱是水体能否保持高自净能力的重要指标。汾河流域湿地长期人类活动干扰和影响，严重隔绝了水体的连通性，原本水资源相对匮乏的状态更为紧张。此外，城市景观水体流动性也不强，水位变化调控性小，加之水域富营养化、水质恶化的影响，水生植被群落结构发生变化，沼生植物比例增加，富营养化水体严重。建立合理有效的水利调控工程，提升水体流动性，配合清淤、水量调整等工程逐步恢复景观生态的质量和持续性。

（4）增加水生植被面积，提高生物多样性

大型水生植被对于维持景观水体生态系统健康具有积极意义，适度恢复水生植被对于提升汾河流域景观生态效应，提升城市景观水体生态系统健康具有重要意义。水生植被对富营养化的拮抗效应，通过根系耦合微生物作用调控水环境质量以及生物量收割等对水质的改善，同时耦合生物链提高水体生物多样性，提升水体生态系统健康体系。通过恢复水生植被、建立高等水生维管束植物为优势的水体生态系统对于汾河流域及其城市景观水体生态健康提升以及应对效应物的污染风险均具有积极的现实意义。

10.2　景观—水生态调控建议

（1）积极落实国家生态修复政策，提升汾河流域生态环境质量

国家及地方政府政策、制度及生态宏观调控对土地利用变化有着强制性的影响，长久以来西部开发"生态退耕"政策对区域土地覆盖状况的改善产生积极的影响。汾河流域全境水土保持总体规划指导下，按照因地制宜、综合治理原则，以小流域为单元，以多沙区为重点，对汾河游流域进行了大规模的水土流失治理。通过淤地坝、水平梯田建设，退耕还林、植树种草等修复了流域生态环境质量。近30年来，以林、草为主的植被恢复工程，特别是2000年以来的退耕还林还草工程的实施，使林地草地用地面积显著增加，区域覆盖状况明显改善，在一定程度上使汾河上游地区植被覆盖度和水源涵养功能都得到了提高。多年来山西引黄工程的安全供水体系，引黄水经管道至汾河上游头马营出水，经过81.2 km天然河道进入汾河水库，造就了流域内诸多城市水体景观，大大提升了区域生态环境质量，流域景观受湿地水源涵养功能的不断加强，流域水面、湿地生态功能得到了很大恢复，景观水体生态环境改善明显。此外，积极落实流域面源污染防控措施，通过完善农田水利措施，减少流域内农业面源污染，严控农业化肥、农药、生活排污、畜禽养殖排污等，有效提高了流域水环境整体质量。

（2）合理评测城镇化影响，促进生态与经济协调发展

城镇化促使人口的空间转换、非农产业向城镇聚集、农业劳动力向非农业劳

动力转移，对土地利用最为明显的影响表现在城市建设用地（或不透水面）增加，这在某种程度上是区域经济协调向上发展的外在变现，其本质是区域经济结构、社会结构和生产方式、生活方式的变革，对流域内的生态必然产生长期影响。合理化评测城镇化进程的影响，在区域经济、社会发展的同时，适当协调自然流域生态环境的共同发展，汾河流域内城镇化建设用地的增长区域基本分布在流域河谷地带，多为草地和农田类型的转换。城镇化的增长加剧了区域环境水生态的压力，居民点及工矿用地面积增加，会使工业废水和城镇生活污水的排放量不断增加，在某种程度上增加了点源污染的强度输出，长期来看必然会通过地表水－地下水的多次相互循环转化进而污染整个水系，不利于流域生态环境质量的提升。排污中涉及的典型 COD、氨氮、抗生素、雌激素、多氯联苯有机物、多环芳烃等给流域生态环境治理和恢复带来诸多压力，必须通过相关政策法规予以严格控制和防范。

（3）践行流域—子流域生态系统综合管理机制，理顺交叉管理权责

实施流域—子流域为单元的生态系统综合管理体制，合理保护、开放水、土地及其他自然资源，同时兼顾各子流域上下游水文水质关系，通过子流域生态系统生产力的提升辐射全流域水生态系统的改善，注重生态效应、经济效应和社会效应的协调和发展，采取土地利用或覆盖方式调整的工程措施配合区域规划、经济法律等手段综合决策，在立体化层面综合管理流域地表和地下水资源及生态的综合管控，总体保障流域生态系统的长期可持续发展。在农业面源污染层面着重对肥料污染施肥量、肥料结构、施肥方式以及开放研制适宜区域土壤结构的新型肥料等层面入手，对农药污染的防治需要多学科研判，加强对病虫害预测预报能力，积极推广高效无毒害作用、低残留的新型农药，实行多种防治手段减少农药使用量；畜禽养殖及农村生活污染防范需区域规划和总量控制进行约束，生活排污需要多行业共同推动，加快农村污水处理能力和技术，降低成本，逐步实施农村生活废物垃圾的无害化处理进程。

10.3 宏观措施建议

建立流域及子流域层面的多级水质源地保护管理机制并设立相应机构。对全流

域湿地及水体环境和生态管理以及相关效应物风险防范工作应涉及省、市、县三级政府和相关部门，各自都在自己的权责范围内实施监督管理，特别是与行政管理相交叉的跨市、县行政区域的管理，若与汾河湿地及水体环境和生态管理以及相关效应物风险防范工作要求不匹配不一致，应成立由省级到县级的汾河水体核心区域保护和管理机构，统一协调对水资源的各项维护工作，将水量、水质保护的各项工作落到实处。

推进环境立法相关工作。依据国家水环境保护相关法律法规，以及《山西省主体功能区规划》《山西省汾河中上游流域水资源管理和水环境保护条例》等法规的限制要求，尽快开展流域景观生态功能区划界定工作，制定符合区域发展的水环境保护管理长效发展机制，明确限制发展产业类型、禁止排放标准及名录、排污口设置、执行排放标准、环境风险防范和应急管理、水环境保护的监督考核和责任追究等要求。

建立流域湿地生态补偿机制。在汾河流域实施保护优先战略，研究制定适应于汾河景观水体环境保护要求的生态补偿政策，通过落实资金补偿、政策补偿和实物补偿等方式实施多渠道补偿策略，对于持久保护饮用水水源地具有重要战略意义。

适时进行水环境改善成效评估与评测。加强对景观湿地水环境监测，及时进行跟踪评价。根据情况，生态环境主管部门应适时组织对湿地水体环境改善的有效性评估，发现问题，应及时采取相应措施，包括调整核心景观保护区范围等手段。

最后，汾河流域及其城市景观维持区域经济社会发展贡献了生态保障，流域及城市生态环境建设和生态环境质量改善需要多学科、多技术、多政策协调发展，同时也与每个参与者的生态保护意识有关，适度加强生态环境保护的科普教育。生态保护和生态文明建设，需要每一个人的共同守护。

参考文献

［1］蒋艳灵，刘春腊，周长青，等 . 中国生态城市理论研究现状与实践问题思考 [J].
地理研究，2015，34(12): 2222-2237.

［2］陈利顶，孙然好，刘海莲 . 城市景观格局演变的生态环境效应研究进展 [J]. 生
态学报，2013，4(1): 1042-1050.

［3］Morgane Le Moal, Chantal Gascuel-Odoux, Alain Ménesguen, et al. Eutrophication:
a new wine in an old bottle?[J]. Science of the Total Environment, 2019, 651: 1-11.

［4］豆荆辉，夏瑞，张凯，等 . 非参数模型在河湖富营养化研究领域应用进展 [J].
环境科学研究，2021，34(8)：1928-1940.

［5］张甘霖，朱永官，傅伯杰 . 城市土壤质量演变及其生态环境效应 [M]. 北京：科
学出版社，2003.

［6］Ramita Manandhar, Inakwu Oa Odeh. Interrelationships of land use/cover change and
topography with soil acidity and salinity as indicators of land degradation[J]. Land,
2014, 3(1): 282-299.

［7］闫昕旸，张强，闫晓敏，等 . 全球干旱区分布特征及成因机制研究进展 [J]. 地
球科学进展，2019，34(8): 826.

［8］Jianping Huang, Guolong Zhang, Yanting Zhang, et al. Global desertification
vulnerability to climate change and human activities[J]. Land Degradation &
Development, 2020, 31(11): 1380-1391.

［9］傅微，吕一河，傅伯杰，等 . 陕北黄土高原典型人类活动影响下景观生态风险
评价 [J]. 生态与农村环境学报，2019，35(3)：290-299.

［10］傅伯杰，陈利顶，马克明 . 景观生态学原理及应用 [M]. 北京：科学出版社，
2011.

［11］Yohan Sahraoui, Jean-Christophe Foltête, Céline Clauzel. A multi-species approach
for assessing the impact of land-cover changes on landscape connectivity[J].
Landscape Ecology, 2017, 32(9): 1819-1835.

[12] Gabriela Duarte, Paloma Santos, Tatiana Cornelissen, et al. The effects of landscape patterns on ecosystem services: meta-analyses of landscape services[J]. Landscape Ecology, 2018, 33(8): 1247-1257.

[13] Ulla Mörtberg, Berit Balfors, Wc Knol. Landscape ecological assessment: a tool for integrating biodiversity issues in strategic environmental assessment and planning[J]. Journal of Environmental Management, 2007, 82(4): 457-470.

[14] 孙贤斌，刘红玉. 基于生态功能评价的湿地景观格局优化及其效应——以江苏盐城海滨湿地为例 [J]. 生态学报，2010(5): 1157-1166.

[15] 傅伯杰，吕一河，陈利顶，等. 国际景观生态学研究新进展 [J]. 生态学报，2008(2).

[16] 彭建，党威雄，刘焱序，等. 景观生态风险评价研究进展与展望 [J]. 地理学报，2015(4).

[17] Binghua Gong, Zhifeng Liu. Assessing impacts of land use policies on environmental sustainability of oasis landscapes with scenario analysis: the case of northern China [J]. Landscape Ecology, 2021, 36(7): 1913-1932.

[18] James Reed, Amy Ickowitz, Colas Chervier, et al. Integrated landscape approaches in the tropics: A brief stock-take[J]. Land use policy, 2020, 99: 104822.

[19] 陆国生. 城市河道生态修复与治理技术探讨 [J]. 水资源开发与管理，2017(5): 40-42.

[20] 田惠文，毕如田，朱洪芬，等. 汾河流域植被净初级生产力的驱动因素及梯度效应 [J]. 生态学杂志，2019，38(10): 3066-3074.

[21] Yuqin Li, Chunchang Huang, Huu Hao Ngo, et al. Analysis of event stratigraphy and hydrological reconstruction of low-frequency flooding: a case study on the Fenhe River, China[J]. Journal of Hydrology, 2021, 603: 127083.

[22] 党晋华，赵颖，马晓勇，等. 汾河水库上游流域土地利用类型变化特征及其水环境效应研究 [J]. 水资源与水工程学报，2017，28(1): 62-68.

[23] 傅伯杰. 国土空间生态修复亟待把握的几个要点 [J]. 中国科学院院刊，2021，36(1): 64-69.

[24] 陈晓红，周宏浩. 城市化与生态环境关系研究热点与前沿的图谱分析 [J]. 地理

科学进展，2018，9: 11-19.

［25］彭建，吕丹娜，董建权，等. 过程耦合与空间集成：国土空间生态修复的景观生态学认知 [J]. 自然资源学报，2020，35(1): 3-13.

［26］黄晶晶，于银霞，于东升，等. 利用景观指数定量化评估历史土壤图制图精度 [J]. 土壤学报，2019，56(1): 44-54.

［27］刘超，王智源，张建华，等. 景观类型与景观格局演变对洪泽湖水质的影响 [J]. 环境科学学报，2021，41(8): 3302-3311.

［28］方神光，江佩轩. 景观格局及其对河湖水环境与水生态影响研究进展 [J]. 人民珠江，2020，41(9): 70-78.

［29］Meixia Lin, Tao Lin, Laurence Jones, et al. Quantitatively assessing ecological stress of urbanization on natural ecosystems by using a landscape-adjacency index[J]. Remote Sensing, 2021, 13(7): 1352.

［30］Min Zhang, Jinman Wang, Sijia Li, et al. Dynamic changes in landscape pattern in a large-scale opencast coal mine area from 1986 to 2015: a complex network approach[J]. Catena, 2020(194): 104738.

［31］高峻，张中浩，李巍岳，等. 地球大数据支持下的城市可持续发展评估：指标，数据与方法 [J]. 中国科学院院刊，2021，36(8): 940-949.

［32］于贵瑞，张黎，何洪林，等. 大尺度陆地生态系统动态变化与空间变异的过程模型及模拟系统 [J]. 应用生态学报，2021，32(8): 2653-2665.

［33］葛振鹏，刘权兴. 整体大于部分之和：生态自组织斑图及其涌现属性 [J]. 生物多样性，2020，28(11): 1431.

［34］翟瑞雪，戴尔阜. 基于主体模型的人地系统复杂性研究 [J]. 地理研究，2017，36(10): 1925-1935.

［35］赵文武，侯焱臻，刘焱序. 人地系统耦合与可持续发展：框架与进展 [J]. 科技导报，2020，38(13): 25-31.

［36］陶艳茹，苏海磊，李会仙，等. 《欧盟水框架指令》下的地表水环境管理体系及其对我国的启示 [J]. 环境科学研究，2021，34(5): 1267-1276.

［37］M Sadegh Riasi, Allen Teklitz, William Shuster, et al. Reliability-based water quality assessment with load resistance factor design: application to TMDL[J].

Journal of hydrologic engineering, 2018, 23(12): 04018053.

[38] 马孟磊，陈作志，许友伟，等. 基于 Ecopath 模型的胶州湾生态系统结构和能量流动分析 [J]. 生态学杂志，2018，37(2): 462-470.

[39] Chun-Hua Li, Yi Xian, Chun Ye, et al. Wetland ecosystem status and restoration using the Ecopath with Ecosim(EWE)model[J]. Science of the Total Environment, 2019(658): 305-314.

[40] 王林芳，李华，党晋华，等. 汾河上中游流域大型底栖动物群落特征及其多样性评价 [J]. 环境化学，2020(1): 128-137.

[41] 刘娟，王飞，韩文辉，等. 汾河上中游流域生态系统健康评价 [J]. 水资源与水工程学报，2018，3.

[42] 赵颖，党晋华，王飞. 汾河流域水系和表层沉积物中多环芳烃的空间变化规律及其生态风险研究 [J]. 生态毒理学报，2017，12(3): 579-596.

[43] 赵颖，王飞，葛宜虎. 汾河流域沉积物中多氯联苯的分布及生态风险评价 [J]. 水资源保护，2018，34(5): 81-87.

[44] 付扬军，师学义，和娟. 汾河流域景观破碎化时空演变特征 [J]. 自然资源学报，2019，34(8): 1606-1619.

[45] 王飞，韩业林，赵颖. 太原市大气颗粒物 PM_{10} 和 $PM_{2.5}$ 多时间尺度变化规律研究 [J]. 生态环境学报，2017，26(9): 1521-1528.

[46] Peng Gong, Xuecao Li, Jie Wang, et al. Annual maps of global artificial impervious area(GAIA)between 1985 and 2018[J]. Remote Sensing of Environment, 2020(236): 111510.

[47] 国家环境保护总局. 地表水环境质量标准：GB 3838—2002[S]. 北京：中国标准出版社，2002.

[48] 赵健，魏成阶，黄丽芳，等. 土地利用动态变化的研究方法及其在海南岛的应用 [J]. 地理研究，2001，20(6): 723-730.

[49] Zhanjun Xu, Huping Hou, Shaoliang Zhang, et al. Effects of mining activity and climatic change on ecological losses in coal mining areas[J]. Transactions of the Chinese Society of Agricultural Engineering, 2012, 28(5): 232-240.

[50] Jinguo Yuan, Zheng Niu, Chenli Wang. Vegetation NPP distribution based on

MODIS data and CASA model—a case study of northern Hebei Province[J]. Chinese Geographical Science, 2006, 16(4): 334-341.

[51] Arge Costanza R, Groot R、The value of the world's ecosystem services and natural capital[J]. Nature, 1997(368): 253-260.

[52] 王飞，高建恩，邵辉，等. 基于 GIS 的黄土高原生态系统服务价值对土地利用变化的响应及生态补偿 [J]. 中国水土保持科学，2012，11(1): 25-07.

[53] Samuel Karickhoff, Brown David S, Scott Trudy A. Sorption of hydrophobic pollutants on natural sediments[J]. Water Research, 1979, 13(3).

[54] Farrington Geoddy. Sediment porewater partitioningof polycyclic aromatic hydrocarbons in three cores from BostonHarbor[J]. Massachusetts Environmental Science and Technology, 1995, 29(6): 1542-1550.

[55] Sicre M A, Fernandes M B, Boireau A, et al. Polyaromatichydrocarbon(PAH) distributions in the Seine River and itsestuary[J]. Marine Pollution Bulletin, 1997, 34(11): 857-867.

[56] 吴丰昌，王立英，黎文，等. 天然有机质及其在地表环境中的重要性 [J]. 湖泊科学，2008(1): 1-12.

[57] Yael Laor, Menahem Rebhun. Evidence for nonlinear binding of PAHs to dissolved humic acids[J]. Environmental Science & Technology, 2002, 36(5): 955-961.

[58] Robert Gittins. Canonical analysis: a review with applications in ecology[M]. 2012.

[59] Nepa. Analyzing Method for Water and Waste Water, third ed. China[M]. Beijing: Environmental Science Press, 2002.

[60] 汤玉强，李清伟，左婉璐，等. 内梅罗指数法在北戴河国家湿地公园水质评价中的适用性分析 [J]. 环境工程，2019，37(8): 195-199.

[61] Daniel Borcard, François Gillet, Pierre Legendre. Numerical ecology with R[M]. Berliu: Springer, 2018.

[62] Jiliang Tang, Salem Alelyani, Huan Liu. Feature selection for classification: a review[J]. Data Classification: Algorithms and applications, 2014, 1(1): 1-37.

[63] Ian T Jolliffe, Jorge Cadima. Principal component analysis: a review and recent developments[J]. Philosophical Transactions of the Royal Society A: Mathematical,

Physical and Engineering Sciences, 2016, 374(2065): 20150202.

［64］Eric Dexter, Gretchen Rollwagen-Bollens, Stephen M Bollens. The trouble with stress: a flexible method for the evaluation of nonmetric multidimensional scaling[J]. Limnology and Oceanography: Methods, 2018, 16(7): 434-443.

［65］Janos Podani, Istvan Miklós. Resemblance coefficients and the horseshoe effect in principal coordinates analysis[J]. Ecology, 2002, 83(12): 3331-3343.

［66］John C Gower. Principal coordinates analysis[J]. Wiley StatsRef: Statistics Reference Online, 2014: 1-7.

［67］André I Khuri, Bhramar Mukherjee, Design issues for generalized linear models: a review[J]. Statistical Science, 2006: 376-399.

［68］阳文锐，李锋，王如松，等．城市土地利用的生态服务功效评价方法——以常州市为例 [J]．生态学报，2013，33(14): 4486-4494.

［69］杨云松．基于土地利用变化的额济纳绿洲生态系统服务价值研究 [J]．中国农学通报，2013，29(35): 218-224.

［70］Li W K, Li T H, Qian Z H. Variations in ecosystem service value in response to land use changes in Shenzhen[J]. Ecological economics, 2010, 69(7).

［71］邹亚荣，张增祥，赵晓丽，等．近十年来山西省土地利用变化分析 [J]．国土与自然资源研究，2002(3): 25-26.

［72］刘纪远，匡文慧，张增祥，等．20 世纪 80 年代末以来中国土地利用变化的基本特征与空间格局 [J]．地理学报，2014，69(1): 3-14.

［73］Yihe Lü, Bojie Fu, Xiaoming Feng, et al. A policy-driven large scale ecological restoration: quantifying ecosystem services changes in the Loess Plateau of China[J]. PLoS ONE, 2017, 7(2).

［74］Feng XM, Sun G, Fu B J, et al. Regional effects of vegetation restoration on water yield across the Loess Plateau, China[J]. Hydrology and Earth System Sciences, 2012, 16(160).

［75］Lenne Wood D. Revised wisdom in agriculture land use policy: 10 years on from Rio[J]. Land Use Policy, 2005(22): 75-93.

［76］中国地理学会 2013 年（华北地区）学术年会论文集 [C]// 徐晓莉，秦柞栋．汾

河流域景观格局及其动态变化研究.北京：科学出版社，2013.

[77] 曹银贵，周伟，乔陆印，等.青海省 2000—2008 年城镇建设用地变化及驱动力分析 [J]. 干旱区资源与环境，2013，27(1): 40-46.

[78] 陆大道.我国的城镇化进程与空间扩张 [J]. 中国城市经济，2007(10): 14-17.

[79] 孟宝，张勃，张华，等.黑河中游张掖市土地利用 / 覆盖变化的水文水资源效应分析 [J]. 干旱区资源与环境，2006，20(3): 94-99.

[80] 李硕，沈占锋，克俭，等.大清河流域土地利用变化的地形梯度效应分析 [J]. Transactions of the Chinese Society of Agricultural Engineering，2021，37(5).

[81] 刘纪远，张增祥，徐新良，等. 21 世纪初中国土地利用变化的空间格局与驱动力分析 [J]. 地理学报，2009，64(12): 1411-1420.

[82] Wen-Ping Tsai, Shih-Pin Huang, Su-Ting Cheng, et al. A data-mining framework for exploring the multi-relation between fish species and water quality through self-organizing map[J]. Science of the Total Environment, 2017(579): 474-483.

[83] 胡俊纳，刘红玉，郝敬锋.城市景观多功能区湿地水质分异及其人类影响 [J]. 生态学杂志，2010(7): 1409-1413.

[84] 徐明德，潘韩智.汾河太原城区段及玉门河水质数值模拟研究 [J]. 人民黄河，2009，31(3): 55-57.

[85] 马兴，胡万里，邵德智，等.海河塘沽段水污染指数变化及其原因分析 [J]. 水资源与水工程学报，2008，19(1): 69-72.

[86] 庞振凌，常红军，李玉英，等.层次分析法对南水北调中线水源区的水质评价 [J]. 生态学报，2008，28(4): 1810-1819.

[87] 张景平，黄小平，江志坚，等.珠江口海域污染的水质综合污染指数和生物多样性指数评价 [J]. 热带海洋学报，2010，29(1): 69-76.

[88] Philip F Hopkins. A new class of accurate, mesh-free hydrodynamic simulation methods [J]. Monthly Notices of the Royal Astronomical Society, 2015, 450(1): 53-110.

[89] Steward Ta Pickett, Mary L Cadenasso, J Morgan Grove, et al. Urban ecological systems: scientific foundations and a decade of progress[J]. Journal of Environmental Management, 2011, 92(3): 331-362.

［90］任国玉. 气候变暖成因研究的历史现状和不确定性 [J]. 地球科学进展，2008，23(10): 1084-1091.

［91］Nancy Grimm, Stanley Faeth, Nancy Golubiewski, et al. Global change and the ecology of cities [J]. Science, 2008, 319(5864): 756-760.

［92］Joel Aik, Anita E Heywood, Anthony T Newall, et al. Climate variability and salmonellosis in Singapore—A time series analysis[J]. Science of the Total Environment, 2018(639): 1261-1267.

［93］Peter Newall, Christopher Walsh. Response of epilithic diatom assemblages to urbanization influences[J]. Hydrobiologia, 2005, 532(1): 53-67.

［94］汪琪，黄蔚，陈开宁，等. 大溪水库浮游植物群落结构特征及营养状态评价 [J]. 环境科学学报，2020，40(4): 1286-1297.

［95］宋勇军，戚菁，刘立恒，等. 程海湖夏冬季浮游植物群落结构与富营养化状况研究 [J]. 环境科学学报，2019，39(12): 4106-4113.

［96］陆晓晗，曹宸，李叙勇. 基于浮游植物的北方景观河流水生态系统评价 [J]. 环境保护科学，2020，46(3): 104-113.

［97］C Butterwick, Si Heaney, Jf Talling. Diversity in the influence of temperature on the growth rates of freshwater algae, and its ecological relevance[J]. Freshwater Biology, 2005, 50(2): 291-300.

［98］Nicolas Gruber, James Galloway, An Earth-system perspective of the global nitrogen cycle [J]. Nature, 2008, 451(7176): 293-296.

［99］James Galloway, Alan Townsend. Jan Willem, et al. Transformation of the nitrogen cycle: recent trends, questions, and potential solutions[J]. Science, 2008, 320(5878): 889-892.

［100］傅雪梅，孙源媛，苏婧，等. 基于水化学和氮氧双同位素的地下水硝酸盐源解析 [J]. 中国环境科学，2019，39(9): 3951-3958.

［101］张鑫，张妍，毕直磊，等. 中国地表水硝酸盐分布及其来源分析 [J]. 环境科学，2020，41(4): 1594-1606.

［102］陈建耀，王亚，张洪波，等. 地下水硝酸盐污染研究综述 [J]. 地理科学进展，2006，25(1): 34-44.

［103］Humberto Barbosa, Tv Kumar, Franklin Paredes, et al. Assessment of caatinga response to drought using meteosat-SEVIRI normalized difference vegetation index(2008-2016)[J]. ISPRS Journal of Photogrammetry and Remote Sensing, 2019, 148: 235-252.

［104］A Parnell, R Inger, S Bearhop, et al. Stable isotope analysis in R(SIAR)[M]. 2008.

［105］Liping Yang, Jiangpei Han, Jianlong Xue, et al. Nitrate source apportionment in a subtropical watershed using Bayesian model[J]. Science of the Total Environment, 2013(1): 463-464.

［106］Ioannis Matiatos. Nitrate source identification in groundwater of multiple land-use areas by combining isotopes and multivariate statistical analysis: A case study of Asopos basin(Central Greece)[J]. Science of the Total Environment, 2016(541): 802-814.

［107］Yunyun Zhao, Binghui Zheng, Haifeng Jia, et al. Determination sources of nitrates into the Three Gorges Reservoir using nitrogen and oxygen isotopes[J]. Science of the Total Environment, 2019(687): 128-136.

［108］Zanfang Jin, Qi Zheng, Chenyang Zhu, et al. Contribution of nitrate sources in surface water in multiple land use areas by combining isotopes and a Bayesian isotope mixing model[J]. Applied Geochemistry, 2018, 93: 10-19.

［109］Irene Paredes, Francisco Ramírez, Manuela G Forero, et al. Green, stable isotopes in helophytes reflect anthropogenic nitrogen pollution in entry streams at the Doñana World Heritage Site[J]. Ecological Indicators, 2019(97).

［110］Amberger A, Schmidt H L. Nature liche Isotope ngehalte von Nitratals Indikatoren fürdessen Herkunft[J]. Geochimical et Cosmochimica Acta, 1987, 51(10): 2699-2705.

［111］Desimone La, Howes Bl. Nitrogen transport and transformations in a shallow aquifer receiving wastewater discharge: a mass balance approach[J]. Water Resources Research, 1998, 34(2): 271-285.

［112］Jingtao Ding, Beidou Xi, Rutai Gao, et al. Identifying diffused nitrate sources in a stream in an agricultural field using a dual isotopic approach[J]. Science of the

Total Environment, 2014, 484: 10-18.

[113] Freyer H D. Seasonal Variation of ^{15}N /^{14}N ratios in atmospheric nitrate species[J]. Tellus Series B: Chemical & Physical Meteorology, 2002, 43(1): 30-44.

[114] K. Kalbitz, S. Solinger, J H Park, et al. Controls on the dynamics of dissolved organic matter in soils: a Review[J]. Soil Science, 2000, 165(4).

[115] JS Wu, PK Jiang, SX Chang, et al. Dissolved soil organic carbon and nitrogen were affected by conversion of native forests to plantations in subtropical China[J]. Canadian Journal of Soil Science, 2010, 90(1).

[116] Schueler T R. The importance of imperviousnes[J]. Watershed Protection Techniques, 1994(1): 100-111.

[117] Chester L, Arnold, C James Gibbons. Impervious surface coverage: the emergence of a key environmental indicator[J]. Journal of the American Planning Association, 1996, 62(2): 243-258.

[118] 徐涵秋. 城市不透水面与相关城市生态要素关系的定量分析 [J]. 生态学报, 2009, 29(5): 2456-2462.

[119] 沙玉娟, 夏星辉, 肖翔群. 黄河中下游水体中邻苯二甲酸酯的分布特征 [J]. 中国环境科学, 2006(1): 120-124.

[120] 王凡, 沙玉娟, 夏星辉, 等. 长江武汉段水体邻苯二甲酸酯分布特征研究 [J]. 环境科学, 2008(5): 1163-1169.

[121] 陆继龙, 郝立波, 王春珍, 等. 第二松花江中下游水体邻苯二甲酸酯分布特征 [J]. 环境科学与技术, 2007(12): 35-37, 119.

[122] 熊鹏翔, 龚娴, 邓磊. 南昌市农田土壤和水样中邻苯二甲酸酯污染物的分析 [J]. 化学通报, 2008, 71(8): 636-640.

[123] 曹莹. 北京公园水环境中邻苯二甲酸酯的分析检测及污染研究 [D]. 北京: 北京工业大学, 2008.

[124] 张付海, 张敏, 朱余, 等. 合肥市饮用水和水源水中邻苯二甲酸酯的污染现状调查 [J]. 环境监测管理与技术, 2008(2): 22-24.

[125] 张付海. 巢湖水中五种邻苯二甲酸酯的检测和微生物降解研究 [D]. 合肥: 安徽农业大学, 2005.

［126］焦琳. 渭河流域水体中外源性环境激素的污染调查及分析 [D]. 西安：西安科技大学，2010.

［127］Matteo Vitali, Maurizio Guidotti, Giannetto Macilenti, et al. Phthalate esters in freshwaters as markers of contamination sources—a site study in Italy[J]. Environment International, 1997, 23(3): 337-347.

［128］Os Fatoki, A Noma. Solid phase extraction method for selective determination of phthalate esters in the aquatic environment[J]. Water, Air and Soil Pollution, 2002, 140(1): 85-98.

［129］A Penalver, E Pocurull, F Borrull, et al. Determination of phthalate esters in water samples by solid-phase microextraction and gas chromatography with mass spectrometric detection[J]. Journal of Chromatography A, 2000, 872(1-2): 191-201.

［130］Peijnenburg M, Struijs Jaap. Occurrence of phthalate esters in the environment of the Netherlands[J]. Ecotoxicology and Environmental Safety, 2006, 63(2).

［131］GH Tan. Residue levels of phthalate esters in water and sediment samples from the Klang River basin[J]. Bulletin of Environmental Contamination and Toxicology, 1995, 54(2): 171-176.

［132］A Dick Vethaak, Joost Lahr, S Marca Schrap, et al. An integrated assessment of estrogenic contamination and biological effects in the aquatic environment of the Netherlands[J]. Chemosphere, 2005, 59(4): 511-524.

［133］隋苗苗. 邻苯二甲酸酯类物质在北运河及潮白河中污染水平的研究 [D]. 辽宁：大连理工大学，2008.

［134］Jie Chi. Phthalate acid esters in *Potamogeton crispus* L. from Haihe River, China[J]. Chemosphere, 2009, 77(1): 48-52.

［135］Feng Zeng, Kunyan Cui, Zhiyong Xie, et al. Occurrence of phthalate esters in water and sediment of urban lakes in a subtropical city, Guangzhou, South China[J]. Environment International, 2008, 34(3).

［136］Sha Yujuan, Xia Xinghui, Yang Zhifeng, et al. Distribution of PAEs in the middle and lower reaches of the Yellow River, China[J]. Environmental Monitoring and

Assessment, 2007, 124(1-3).

[137] Sy Yuan, C Liu, Cs Liao, et al. Occurrence and microbial degradation of phthalate esters in Taiwan river sediments[J]. Chemosphere, 2002, 49(10): 1295-1299.

[138] Mackintosh Cheryl, Maldonado Javier, Ikonomou Michael, et al. Sorption of phthalate esters and PCBs in a marine ecosystem[J]. Environmental Science & Technology, 2006, 40(11).

[139] L Bartolomé, E Cortazar, JC Raposo, et al. Simultaneous microwave-assisted extraction of polycyclic aromatic hydrocarbons, polychlorinated biphenyls, phthalate esters and nonylphenols in sediments[J]. Journal of Chromatography A, 2005, 1068(2): 229-236.

[140] Hui Liu, Hecheng Liang, Ying Liang, et al. Distribution of phthalate esters in alluvial sediment: a case study at JiangHan Plain, Central China[J]. Chemosphere, 2010, 78(4): 382-388.

[141] Fan Wang, Xinghui Xia, Yujuan Sha. Distribution of phthalic acid esters in Wuhan section of the Yangtze River, China[J]. Journal of Hazardous Materials, 2008, 154(1-3): 317-324.

[142] Hai Wang, Chunxia Wang, Wenzhong Wu, et al. Persistent organic pollutants in water and surface sediments of Taihu Lake, China and risk assessment[J]. Chemosphere, 2003, 50(4): 557-562.

[143] 雷炳莉, 黄圣彪, 王子健. 生态风险评价理论和方法[J]. 化学进展, 2009, 21(Z1): 350-358.

[144] 李玉斌. 太湖水体及表层沉积物中 SVOCs 分布及生态风险评价[D]. 北京: 北京化工大学, 2011.

[145] 杨建丽. 长江河口局部有机污染物分布及生态风险评价[D]. 北京: 北京化工大学, 2009.

[146] AP Wezel, Posthumus Vlaardingen, R Posthumus, et al. Environmental risk limits for two phthalates, with special emphasis on endocrine disruptive properties[J]. Ecotoxicology and Environmental Safety, 2000, 46(3): 305-321.

［147］Decong Xu, Ping Zhou, Jing Zhan, et al. Assessment of trace metal bioavailability in garden soils and health risks via consumption of vegetables in the vicinity of Tongling mining area, China[J]. Ecotoxicology and Environmental Safety, 2013(90): 103-111.

［148］Gustafson K E, Dickhut R M. Atmospheric inputs of selected polycyclic aromatic hydrocarbons and polychlorinated biphenyls to Southern Chesapeake Bay[J]. Marine Pollution Bulletin, 1995(30): 385-396.

［149］周怀东，赵健，陆瑾，等．白洋淀湿地表层沉积物多环芳烃的分布、来源及生态风险评价 [J]. 生态毒理学报，2008(3): 291-299.

［150］徐雄，李春梅，孙静，等．我国重点流域地表水中 29 种农药污染及其生态风险评价 [J]. 生态毒理学报，2016，11(2): 347-354.

［151］Xiao jun Luo, She jun Chen, Bi xian Mai, et al. Distribution, source apportionment, and transport of PAHs in sediments from the Pearl River Delta and the northern South China Sea[J]. Archives of Environmental Contamination and Toxicology, 2008, 55(1): 11-20.

［152］黄亮，张经，吴莹．长江流域表层沉积物中多环芳烃分布特征及来源解析 [J]. 生态毒理学报，2016，11(2): 566-572.

［153］Shaoyuan Zhang, Qiang Zhang, Shameka Darisaw, et al. Simultaneous quantification of polycyclic aromatic hydrocarbons(PAHs), polychlorinated biphenyls(PCBs), and pharmaceuticals and personal care products (PPCPs) in Mississippi river water, in New Orleans, Louisiana, USA[J]. Chemosphere, 2007, 66(6): 1057-1069.

［154］Amrita Malik, Priyanka Verma, Arun K Singh, et al. Distribution of polycyclic aromatic hydrocarbons in water and bed sediments of the Gomti River, India[J]. Environmental Monitoring and Assessment, 2011, 172(1): 529-545.

［155］卜庆伟，王东红，王子健．基于风险分析的流域优先有机污染物筛查：方法构建 [J]. 生态毒理学报，2016(1): 61-69.

［156］张明，唐访良，吴志旭，等．千岛湖表层沉积物中多环芳烃污染特征及生态风险评价 [J]. 中国环境科学，2014，34(1): 253-258.

[157] 谷体华，袁建军，郑天凌，等. 泉州湾表层沉积物对多环芳烃潜在降解活性的研究 [J]. 厦门大学学报（自然科学版），2005(S1): 102-106.

[158] 刘建华，祁士华，张干，等. 拉萨市拉鲁湿地多环芳烃污染及其来源 [J]. 物探与化探，2003，27(6): 490-492.

[159] S Tao, Yh Cui, J Cao, et al. Determination of PAHs in wastewater irrigated agricultural soil using accelerated solvent extraction[J]. Journal of Environmental Science and Health, Part B, 2002, 37(2): 141-150.

[160] Gearing J N, Gearing P J, Pruell R, et al. Partitioning of No. 2 fuel oil in controlled estuarine ecosystem, sediments and suspended particulate matter[J]. Environmental Science and Technology, 1980(14): 1 129-1 136.

[161] Cary Chiou, Susan Mcgroddy, Daniel Kile. Partition characteristics of polycyclic aromatic hydrocarbons on soils and sediments[J]. Environmental Science & Technology, 1998, 32(2): 264-269.

[162] M Tiwari, SK Sahu, GG Pandit. Distribution of PAHs in different compartment of creek ecosystem: ecotoxicological concern and human health risk[J]. Environmental Toxicology and Pharmacology, 2017, 50: 58-66.

[163] 蓝家程，孙玉川，肖时珍. 多环芳烃在岩溶地下河表层沉积物——水相的分配 [J]. 环境科学，2015，36(11): 4081-4087.

[164] 郎印海，贾永刚，刘宗峰，等. 黄河口水中多环芳烃（PAHs）的季节分布特征及来源分析 [J]. 中国海洋大学学报（自然科学版），2008(4): 640-646.

[165] 宋雪英，李玉双，伦小文，等. 太子河水体中多环芳烃分布与污染源解析 [J]. 生态学杂志，2010，29(12): 2486-2490.

[166] Stephanie Mccready, Gavin F Birch. Predictive abilities of numerical sediment quality guidelines in Sydney Harbour, Australia, and vicinity[J]. Environment International, 2006, 32(5): 638-649.

[167] Ruey-An Doong, Shih-Hui Lee, Chun-Chee Lee, et al. Characterization and composition of heavy metals and persistent organic pollutants in water and estuarine sediments from Gao-ping River, Taiwan[J]. Marine Pollution Bulletin, 2008, 57(6-12): 846-857.

［168］Wei Guo, Mengchang He, Zhifeng Yang, et al. Distribution of polycyclic aromatic hydrocarbons in water, suspended particulate matter and sediment from Daliao River watershed, China[J]. Chemosphere, 2007, 68(1): 93-104.

［169］K Maskaoui, J Zhou, HS Hong, et al. Contamination by polycyclic aromatic hydrocarbons in the Jiulong River estuary and Western Xiamen Sea, China[J]. Environmental Pollution, 2002, 118(1): 109-122.

［170］麦碧娴，林峥，张干，等. 珠江三角洲河流和珠江口表层沉积物中有机污染物研究——多环芳烃和有机氯农药的分布及特征 [J]. 环境科学学报，2000(2): 66-71.

［171］许士奋，蒋新，王连生，等. 长江和辽河沉积物中的多环芳烃类污染物 [J]. 中国环境科学，2000(2): 128-131.

［172］李恭臣，夏星辉，王然，等. 黄河中下游水体中多环芳烃的分布及来源 [J]. 环境科学，2006(9): 1738-1743.

［173］Ting-Chien Chen, Meei-Fang Shue, Yi-Lung Yeh, et al. Bisphenol a occurred in Kao-pin River and its tributaries in Taiwan[J]. Environmental Monitoring and Assessment, 2010, 161(1): 135-145.

［174］Jianghong Shi, Xiaowei Liu, Qingcai Chen, et al. Spatial and seasonal distributions of estrogens and bisphenol a in the Yangtze River Estuary and the adjacent East China Sea[J]. Chemosphere, 2014(111): 336-343.

［175］Z Shi, S Tao, Pan B, et al. Partitioning and source diagnostics of polycyclic aromatic hydrocarbons in rivers in Tianjin, China[J]. Environmental Pollution (Barking, Essex: 1987), 2007, 146(2).

［176］Rosa Vilanova, Pilar Fernandez, Carolina Martinez. Polycyclic aromatic hydrocarbons in remote mountain lake Waters[J]. Water Research: A Journal of the International Water Association, 2001, 35(16): 3916-3926.

［177］Karickhoff W, Brown S, Scott Trudy A. Sorption of hydrophobic pollutants on natural sediments[J]. Water Research, 1979, 13(3).

［178］Dominic Toro, Christopher Zarba, David J Hansen, et al. Technical basis for establishing sediment quality criteria for nonionic organic chemicals using equilibrium partitioning[J]. Environmental Toxicology and Chemistry, 1991, 10(12): 1541-1583.

[179] Jason Neff, Elisabeth Holland, Frank J Dentener, et al. The origin, composition and rates of organic nitrogen deposition: a missing piece of the nitrogen cycle?[J]. Biogeochemistry, 2002, 57(1): 99-136.

[180] 欧冬妮，刘敏，许世远，等. 多环芳烃在长江口滨岸颗粒物—水相间的分配 [J]. 环境科学，2009，30(4): 1126-1132.

[181] 鲁如坤. 土壤农业化学析方法 [M]. 北京：中国农业科技出版社，2000.

[182] Siddhartha Mitra, Rebecca Dickhut. Three-phase modeling of polycyclic aromatic hydrocarbon association with pore-water-dissolved organic carbon[J]. Environmental Toxicology and Chemistry, 1999, 18(6): 1144-1148.

[183] Bobra Y, Bobra M. The water solubility of crude oils and petroleum products[J]. Oil Chem Pollut, 1990(7): 57-84.

[184] Rao S, Okuda I. Equilibrium partitioning of polycyclic aromatic hydrocarbons from coal tar into water[J]. Environmental Science and Technology, 1992(26): 2110-2115.

[185] Rajesh Seth, Donald Mackay, Jane Muncke. Estimating the organic carbon partition coefficient and its variability for hydrophobic chemicals[J]. Environmental Science & Technology：ES&T, 1999, 33(14): 2390-2394.

[186] 罗孝俊，陈社军，余梅，等. 多环芳烃在珠江口表层水体中的分布与分配 [J]. 环境科学，2008(9): 2385-2391.

[187] 邓红梅，陈永亨，常向阳. 多环芳烃在西江高要段水体中的分布与分配 [J]. 环境科学，2009，30(11): 3276-3282.

[188] 刘娴，闻洋，赵元慧. 有机污染物土壤吸附预测模型及其影响因素 [J]. 环境化学，2013，32(7): 1199-1204.

[189] 韩菲. 多环芳烃来源与分布及迁移规律研究概述 [J]. 气象与环境学报，2007(4): 57-61.

[190] 孙立岩，姚志鹏，张军，等. 地表水中 TOC 与 COD 换算关系研究 [J]. 中国环境监测，2013，29(2): 125-130.

［191］CH Koh, JS Khim, K Kannan. Polychlorinated dibenzo-*p*-dioxins (PCDDs), dibenzofurans (PCDFs), biphenyls (PCBs), and polycyclic aromatic hydrocarbons (PAHs) and 2,3,7,8-TCDD equivalents (TEQs) in sediment from the Hyeongsan River, Korea[J]. Environmental Pollution, 2004, 132(3): 489-501.

［192］Beizhan Yan, Teofilo Abrajano, Richard Bopp. Combined application of $\delta^{13}C$ and molecular ratios in sediment cores for PAH source apportionment in the New York/New Jersey harbor complex[J]. Organic Geochemistry, 2006, 37(6): 674-687.

［193］J L Zhou, H Hong, Z Zhang, et al. Multi-phase distribution of organic micropollutants in Xiamen Harbour, China[J]. Water Research, 2000, 34(7).

［194］Gongchen Li, Xinghui Xia, Zhifeng Yang, et al. Distribution and sources of polycyclic aromatic hydrocarbons in the middle and lower reaches of the Yellow River, China[J]. Environmental Pollution, 2006, 144(3): 985-993.

［195］Zulin Zhang, Jun Huang, Gang Yu, et al. Occurrence of PAHs, PCBs and organochlorine pesticides in the Tonghui River of Beijing, China[J]. Environmental Pollution, 2004, 130(2): 249-261.

［196］Bin Jiang, Hailong Zheng, Guo-qiang Huang, et al. Characterization and distribution of polycyclic aromatic hydrocarbon in sediments of Haihe River, Tianjin, China[J]. Journal of Environmental Sciences, 2007, 19(3): 306-311.

［197］Z Shi, S Tao, B Pan, et al. Contamination of rivers in Tianjin, China by polycyclic aromatic hydrocarbons[J]. Environmental Pollution, 2005, 134(1): 97-111.

［198］Ya Bai, Xi Li, Wen Liu, et al. Polycyclic aromatic hydrocarbon (PAHs)concentrations in the dissolved, particulate, and sediment phases in the Luan River watershed, China[J]. Journal of Environmental Science and Health Part A, 2008, 43(4): 365-374.

［199］刘书臻. 环渤海西部地区大气中的 PAHs 污染 [D]. 北京：北京大学，2008.

［200］许云竹，花修艺，董德明，等. 地表水环境中 PAHs 源解析的方法比较及应用 [J]. 吉林大学学报（理学版），2011，49(3): 565-574.

［201］Ian Nisbet, Peter Lagoy. Toxic equivalency factors (TEFs) for polycyclic aromatic hydrocarbons (PAHs)[J]. Regulatory Toxicology and Pharmacology, 1992, 16(3):

290-300.

[202] Naghmeh Soltani, Behnam Keshavarzi, Farid Moore, et al. Ecological and human health hazards of heavy metals and polycyclic aromatic hydrocarbons (PAHs) in road dust of Isfahan metropolis, Iran[J]. Science of the Total Environment, 2015(505): 712-723.

[203] Edward Long, Donald Macdonald, Sherri L Smith, et al. Incidence of adverse biological effects within ranges of chemical concentrations in marine and estuarine sediments[J]. Environmental Management, 1995, 19(1): 81-97.

[204] 王泰，张祖麟，黄俊，等. 海河与渤海湾水体中溶解态多氯联苯和有机氯农药污染状况调查 [J]. 环境科学，2007(4): 4730-4735.

[205] 张祖麟，洪华生，哈里德，等. 厦门港表层水体中有机氯农药和多氯联苯的研究 [J]. 海洋环境科学，2000(3): 48-51.

[206] 谭培功，赵仕兰，曾宪杰，等. 莱州湾海域水体中有机氯农药和多氯联苯的浓度水平和分布特征 [J]. 中国海洋大学学报（自然科学版），2006(3): 439-446.

[207] 聂湘平，蓝崇钰. 珠江广州段水体沉积物及底栖生物中的多氯联苯 [J]. 中国环境科学，2001，21(5): 417-421.

[208] 曹磊，韩彬，郑立，等. 桑沟湾水体中有机氯农药和多氯联苯的浓度水平及分布特征 [J]. 海洋科学，2011，35(4): 44-50.

[209] 管玉峰，岳强，涂秀云，等. 珠江入海口水体中多氯联苯的分布特征及其来源分析 [J]. 环境科学研究，2011，24(8): 865-872.

[210] Guihao Wang, Song Ma, Jian Yu, et al. Characteristics of seven indicative polychlorinated biphenyls in sediments of Fuyang-Hangzhou section Qiantang River[J]. Bulletin of Science and Technology, 2011(3).

[211] 孙振中，戚隽渊，曾智超，等. 长江口九段沙水域环境及生物体内多氯联苯分布 [J]. 环境科学研究，2008(3): 92-97.

[212] 裴国霞，张岩，马太玲，等. 黄河内蒙古段水体中六六六和多氯联苯的分布特征 [J]. 水资源与水工程学报，2010，21(4): 25-27，33.

[213] JL Zhou, K Maskaoui, YW Qiu, et al. Polychlorinated biphenyl congeners and

organochlorine insecticides in the water column and sediments of Daya Bay, China[J]. Environmental Pollution, 2001, 113(3): 373-384.

[214] Christopher Marvin, Scott Painter, Murray Charlton, et al. Trends in spatial and temporal levels of persistent organic pollutants in Lake Erie sediments[J]. Chemosphere, 2004, 54(1): 33-40.

[215] Mcevoy F. Total PCBs in Liverpool Bay sediments[J]. Marine Environmental Research, 1996, 41(3): 241-263.

[216] L Guzzella. PCBs and organochlorine pesticides in lake Orta (Northern Italy) sediments[J]. Water, Air and Soil Pollution, 1997, 99(1-4): 245-254.

[217] Tanabe H, Sakai N. Geographical distribution of persistent organochlorines in air, water and sediments from Asia and Oceania, and their implications for global redistribution from lower latitudes[J]. Environmental Pollution, 1994, 85(1): 15-33.

[218] Hong Hee, Yim Hyuk, Shim Joon, et al. Congener-specific survey for polychlorinated biphenlys in sediments of industrialized bays in Korea: regional characteristics and pollution sources [J]. Environmental Science & Technology, 2005, 39(19).

[219] Derek Muir, Alex Omelchenko, Norbert Grift, et al. Spatial trends and historical deposition of polychlorinated biphenyls in Canadian midlatitude and Arctic lake sediments[J]. Environmental Science & Technology, 1996, 30(12): 3609-3617.

[220] 孙艳，何孟常，杨志峰，等. 黄河中下游表层沉积物中多氯联苯的污染特征 [J]. 环境化学，2005(5): 590-594.

[221] 康跃惠，麦碧娴，黄秀娥，等. 珠江三角洲地区水体表层沉积物中有机污染状况初步研究 [J]. 环境科学学报，2000，20(S1): 164-170.

[222] Min Shen, Yijun Yu, Gene J Zheng, et al. Polychlorinated biphenyls and polybrominated diphenyl ethers in surface sediments from the Yangtze River Delta[J]. Marine Pollution Bulletin, 2006, 52(10).

[223] 黄宏，尹方，吴莹，等. 长江口表层沉积物中多氯联苯残留和风险评价 [J]. 同济大学学报（自然科学版），2011，39(10): 1500-1505.

［224］Schramm Z, Henkelmann B. PCDD/Fs, PCBs, HCHs, and HCB in sediments and soils of Ya-Er Lake area in China: results on residual levels and correlation to the organic carbon and the particle size[J]. Chemosphere, 1997, 34(1): 191-202.

［225］李红莉，李国刚，杨帆，等 . 南四湖沉积物中有机氯农药和多氯联苯垂直分布特征 [J]. 环境科学，2007(7): 1590-1594.

［226］Liu XH, Dai GH, Liang G, et al. Distribution of organochlorine pesticides (OCPs) and polychlorinated biphenyls (PCBs) in surface water and sediments from Baiyangdian Lake in North China[J]. Journal of Environmental Sciences, 2011, 23(10): 1640-1649.

［227］陈燕燕，尹颖，王晓蓉，等 . 太湖表层沉积物中 PAHs 和 PCBs 的分布及风险评价 [J]. 中国环境科学，2009，29(2): 118-124.

［228］梅卫平 . 滴水湖水系表层沉积物中多环芳烃和多氯联苯分布特征与风险评价 [D]. 上海：上海海洋大学，2014.

［229］石青 . 化学品毒性法规环境数据手册 [J]. 北京：中国环境科学出版社，1992.

［230］Glen Macdonald, David Beilman, Konstantine Kremenetski, et al. Rapid early development of circumarctic peatlands and atmospheric CH_4 and CO_2 variations[J]. Science, 2006, 314(5797): 285-288.

［231］Robert J Hijmans. raster: Geographic Data Analysis and Modeling[Z]. 2021.

［232］David Pierce. ncdf4: Interface to Unidata netCDF (Version 4 or Earlier) Format Data Files[Z]. 2019.

［233］Matt Dowle and Arun Srinivasan. data table: Extension of `data. frame`[Z]. 2021.

［234］Edzer Pebesma. sf: Simple Features for R[Z]. 2021.

［235］Edzer Pebesma, Benedikt Graeler. gstat: Spatial and Spatio-Temporal Geostatistical Modelling, Prediction and Simulation[Z]. 2021.

［236］Roger Bivand, Tim Keitt, Barry Rowlingson, rgdal: Bindings for the Geospatial Data Abstraction Library[Z]. 2021.

［237］Maximillian Hesselbarth, Marco Sciaini, Jakub Nowosad, et al. landscapemetrics: Landscape Metrics for Categorical Map Patterns[Z]. 2021.

［238］Kevin Mcgarigal, William H Romme. Modeling historical range of variability at a range of scales: an example application[J]. Historical Environmental Variation in Conservation and Natural Resource Management, 2012(3): 128-146.

［239］Jakub Nowosad, Tomasz Stepinski. Information theory as a consistent framework for quantification and classification of landscape patterns[J]. Landscape Ecology, 2019, 34(9): 2091-2101.

［240］Maximilian Hesselbarth, Marco Sciaini, Kimberly A, et al., landscapemetrics: an open—source R tool to calculate landscape metrics[J]. Ecography, 2019, 42(6): 1648-1657.

［241］Hadley Wickham. Tidyverse: Easily Install and Load the Tidyverse[Z]. 2021.

［242］Hadley Wickham, Mara Averick, Jennifer Bryan, et al. Welcome to the tidyverse[J]. Journal of Open Source Software, 2019, 46(43): 1686.

［243］Hadley Wickham, Winston Chang, Lionel Henry, et al. ggplot2: Create Elegant Data Visualisations Using the Grammar of Graphics[Z]. 2021.

［244］申卫军，邬建国，任海，等 . 空间幅度变化对景观格局分析的影响 [J]. 生态学报，2003，23(11): 2219-2231.

［245］Alex Hagen-Zanker. A computational framework for generalized moving windows and its application to landscape pattern analysis. International journal of applied earth observation and geoinformation, 2016, 44：205-216.

［246］Robert Fletcher Jr, Raphael Didham, Cristina Banks-Leite, et al. Is habitat fragmentation good for biodiversity?[J] Biological conservation, 2018, 226: 9-15.

［247］Thorsten Pohlert. Trend: Non-Parametric Trend Tests and Change-Point Detection[Z]. 2020.

［248］Achim Zeileis, Friedrich Leisch, Kurt Hornik, et al. Strucchange: Testing, Monitoring, and Dating Structural Changes[Z]. 2019.

［249］Tarik Gouhier, Aslak Grinsted, Viliam Simko. biwavelet: Conduct Univariate and Bivariate Wavelet Analyses[Z]. 2021.

［250］Angi Roesch, Harald Schmidbauer. WaveletComp: Computational Wavelet Analysis[Z]. 2018.

［251］Person AS. ggTimeSeries: Time Series Visualisations Using the Grammar of

Graphics[Z]. 2018.

［252］Jari Oksanen, F Blanchet, Michael Friendly, et al. vegan: Community Ecology Package[Z]. 2020.

［253］Alexandra Kuznetsova, Per Brockhoff, Rune Christensen. lmerTest: Tests in Linear Mixed Effects Models[Z]. 2020.

［254］Max Kuhn, Hadley Wickham. Tidymodels: A Collection of Packages for Modeling and Machine Learning Using Tidyverse Principles. 2020.

［255］赖江山. 生态学多元数据排序分析软件 Canoco 5 介绍 [J]. 生物多样性，2013，21(6): 765.

［256］张金屯. 数量生态学 [M]. 北京：科学出版社，2018.

［257］Pierre Legendre, Eugene Gallagher. Ecologically meaningful transformations for ordination of species data[J]. Oecologia, 2001, 129(2): 271-280.